Florian Freistetter

Die Astronomie der Rauhnächte

Hanser

1. Auflage 2026

ISBN 978-3-446-28954-3

Vilshofener Straße 10 | 81679 München | info@hanser.de

Umschlag: © Anzinger und Rasp, München
Motiv: © Alina Posudina / iStock / Getty Images Plus
Satz: Greiner & Reichel, Köln
Druck und Bindung: Friedrich Pustet, Regensburg

Inhalt

Herzlich willkommen in der dunklen, mysteriösen Zeit zwischen den Jahren. Wenn das das erste Buch über die Rauhnächte ist, das du liest: perfekt! Und wenn du schon viele Bücher über die Rauhnächte gelesen hast: noch besser! Denn ein Buch wie dieses hier wirst du zu dem Thema vermutlich noch nicht in der Hand gehabt haben. Die Nächte zwischen der Wintersonnenwende und Neujahr sind traditionell eine Zeit voller Mythen und Brauchtum; eine Zeit, in der auf das Vergangene zurückgeschaut und der Blick in die Zukunft gerichtet wird. Es sind Tage und Nächte, die in der Wahrnehmung vieler jenseits des Alltags existieren und in denen wir uns gern mit Veränderungen beschäftigen – dem Wechsel von einem Jahr zum nächsten natürlich, aber auch mit dem Wandel, der uns selbst betrifft. Es ist eine »magische« Zeit. Aber der Zauber der Rauhnächte basiert auf ganz konkreten astronomischen Grundlagen.

In diesem Buch möchte ich erklären, warum es überhaupt eine Zeit »zwischen den Jahren« gibt. In unserem modernen Kalender ist jedes Datum eindeutig festgelegt und es gibt keinen Zweifel daran, zu welchem Jahr ein Tag, eine Stunde, eine Minute oder auch eine einzelne Sekunde gehört. Aber das war nicht immer so – und das hat mit der Bewegung der Himmelskörper in unserem Sonnensystem zu tun. Die vielen Traditionen der

Rauhnächte haben sich als Reaktion auf die lange Dunkelheit des Winters entwickelt, um böse Geister zu vertreiben und die Wiederkehr des Frühlings sicherzustellen. Auch diese Bräuche haben ihre Grundlage in der Art und Weise, wie unser Planet funktioniert. Weihnachten, Silvester und Neujahr sind Feste, deren Ursprung in der Astronomie liegt, auch wenn wir sie heute losgelöst davon betrachten.

Ich habe nicht vor, den Zauber der Rauhnächte in diesem Buch durch wissenschaftliche Erklärungen zu zerstören. Ganz im Gegenteil: Über die Ursprünge dieser Traditionen Bescheid zu wissen, lässt sie uns besser und auf eine völlig andere Weise verstehen. Die Rauhnächte sind eine Zeit, in der man sich auch mit sich selbst beschäftigt; eine Zeit, in der viele Menschen sich mit inneren Entwicklungen auseinandersetzen, sich um einen klaren Blick auf das letzte Jahr bemühen und sich überlegen, wie sie das neue positiv gestalten können. In vielen Büchern zu diesem Thema sind dafür diverse »Rituale« entwickelt worden. Aber wenn es eine Methode gibt, um die Welt verlässlich zu verstehen und zu gestalten, dann ist das die Wissenschaft. Sie erlaubt uns tatsächlich, die Zukunft aus der Vergangenheit zu begreifen. Was sie uns über die Welt und uns selbst sagt, ist vielleicht nicht immer das, was wir hören wollen. Aber es ist das, was *ist*.

Wenn wir die Zeit zwischen den Jahren für neue Erkenntnisse nutzen wollen, dann müssen wir das mit einem klaren Blick auf die Realität tun. Reines Wunschdenken bringt uns nicht weiter. Und deswegen habe ich in diesem Buch auch ein paar wissenschaftliche »Rituale« inkludiert. Mit ihrer Hilfe lässt sich verstehen, wie die Wissenschaft die Welt betrachtet (und der eine oder die andere wird vielleicht überrascht sein, dass wissenschaftliches Denken ganz anders funktioniert, als man es sich landläufig vorstellt). Man kann diese Rituale aber auch tatsächlich in der Praxis nutzen, um sich selbst ein wenig besser zu verstehen.

Die Rauhnächte sind eine Zeit für Kontemplation und Wandel. Die Rauhnächte sind die Zeit, in der wir uns darauf vorbereiten, mit neuen Ideen und Gedanken ins kommende Jahr zu starten. Und wer einen klaren Blick auf die Zukunft werfen will, ist bei der Wissenschaft in den besten Händen.

Prolog:
Die Zeit zwischen den Jahren

»Zwischen den Jahren« ist ein seltsamer Ausdruck. Was soll das eigentlich genau bedeuten? Das Jahr endet am 31. Dezember um Punkt Mitternacht und unmittelbar danach beginnt das nächste Jahr. Zwischen der letzten Sekunde des alten Jahres und der ersten Sekunde des neuen Jahres ist kein Platz für ein »Dazwischen«. So funktioniert unser Kalender. Allerdings haben wir die Zeit nicht immer so eingeteilt, wie wir es heute tun.

Wir können uns nur bedingt aussuchen, welchen Kalender wir verwenden. Zumindest dann nicht, wenn es ein sinnvoller Kalender sein soll. Wir teilen die Zeit ja nicht aus Spaß in Tage, Monate und Jahre ein, sondern weil wir damit die natürlichen Rhythmen des Jahreslaufs abbilden und eine gemeinsame zeitliche Orientierung möglich machen wollen. Ein Tag ist die Zeit, die die Erde braucht, um sich einmal um ihre Achse zu drehen. Während eines Tages geht die Sonne auf und wieder unter und es wäre extrem unpraktisch, einen Tag irgendwie anders zu definieren. Dasselbe gilt für das Jahr: Es ist die Zeit, die die Erde braucht, um sich einmal um die Sonne herum zu bewegen. Aus astronomischer Sicht gibt es allerdings mehrere sinnvolle Arten, die Zeitspanne eines solchen Umlaufs zu definieren. Ein »siderisches« Jahr ist zum Beispiel zu Ende, wenn die Sonne von der Erde aus gesehen am Himmel wieder dieselbe Position in Bezug auf die Sterne im Hintergrund einnimmt. Ein »tropisches« Jahr entspricht genau dem Zeitraum zwischen zwei aufeinanderfolgenden Wintersonnenwenden (oder Sommersonnenwenden bzw. Frühlings- oder Herbst-Tagundnachtgleichen). Und das »anomalistische« Jahr ist die Zeit, die die Erde braucht, um wieder am selben Punkt ihrer Bahn (zum Beispiel dem sonnennächsten Punkt) anzukommen. Es gibt aus astronomischer Sicht gute Gründe, warum man diese verschiedenen Definitionen eingeführt hat; die diversen Jahre unterscheiden sich in ihrer Dauer aber nur um weniger als eine halbe Stunde. Der Punkt, der wichtig ist, wenn wir die Rauhnächte verstehen wollen, ist aber: Keines dieser Jahre dauert exakt 365 Tage.*

Es wäre extrem praktisch, wenn die Erde ihre Runde um die Sonne in einer ganzen Zahl von Tagen schaffen würde, aber das tut sie leider nicht. Sie braucht dafür 365 Tage und ein paar Stunden. Damit können wir natürlich keinen Kalender gestalten; denn dann müssten wir einen »Tag« einführen, der kürzer ist als die anderen, und das funktioniert nicht. Was also tun? Vielleicht

* Das siderische Jahr dauert 365 Tage, 6 Stunden, 9 Minuten und 9,5 Sekunden, das tropische Jahr 365 Tage, 5 Stunden, 48 Minuten und 45,26 Sekunden und beim anomalistischen Jahr sind es 365 Tage, 6 Stunden, 13 Minuten und 52,54 Sekunden.

können wir die Sache mit der Sonne ja einfach ignorieren? Sie ist zweifellos ein wichtiger Himmelskörper für uns, aber auch der Mond hat in unserer Kultur immer eine relevante Rolle gespielt. Auch er ist ein guter Taktgeber für natürliche Rhythmen. Vor allem sind die Mondphasen kaum zu übersehen und man kann die Zeit, die zum Beispiel zwischen einem und dem nächsten Vollmond vergeht, leicht als Grundlage für einen Kalender nehmen. Astronomisch korrekt bezeichnet man diesen Zeitraum als »Lunation« und er dauert 29 Tage, 12 Stunden und 44 Minuten. Es ist kein Zufall, dass das etwas der Dauer eines Monats in unserem Kalender entspricht; genauso wenig wie es ein Zufall ist, dass sich die Worte für »Mond« und »Monat« ähnlich sind. Dass es in unserem modernen Kalender aber nur Monate mit 30, 31 oder 28 Tagen gibt (und nur in Ausnahmefällen ein Monat mit 29 Tagen existiert), hat andere Gründe, die wir uns in einem späteren Kapitel genauer ansehen werden. Lassen wir jetzt also einen Monat 29,5 Tage lang sein und reihen zwölf dieser Monate aneinander: Dann bekommen wir einen Zeitraum von 354 Tagen. Was passiert, wenn wir das als Grundlage für einen Kalender verwenden?

Das kann man anhand des islamischen Kalenders beantworten, der genau so funktioniert. Der neunte Monat darin heißt Ramadan und ist der sogenannte »Fastenmonat«. Im Jahr 2026 hat der Ramadan – nach unserem Kalender – am 18. Februar begonnen. Im Jahr 2027 wird er am 8. Februar beginnen; im Jahr darauf am 28. Januar und so weiter. Oder anders gesagt: Der Ramadan ist immer der neunte Monat im Kalender und er beginnt und endet immer mit derselben Mondphase. Aber wenn sich die Erde zu Beginn eines Ramadans an einer bestimmten Position entlang ihrer Bahn befindet, dann wird sie sich zu Beginn des nächsten Ramadans an einer anderen Position befinden. Das ist kein Problem, wenn man es mit einem rein religiösen Fest zu tun hat. Das feiert man dann eben einfach, wenn der Kalender sagt, dass es zu feiern ist. Man kann einen solchen Kalender aber nur schwer für andere Dinge benutzen.

Wenn man zum Beispiel wissen will, wann man die Saat auf die Felder ausbringen soll, wäre es gut, wenn der Kalender diesen Zeitpunkt immer irgendwann im Frühling ansetzt und nicht im Herbst oder mitten im Winter. In dieser Hinsicht ist die Sonne dann doch wichtiger als der Mond. Die Position der Erde in Bezug auf die Sonne bestimmt, welche Jahreszeit wir haben* – der Mond spielt keine Rolle, wenn wir wissen wollen, wann der Frühling anfängt oder der Winter zu Ende geht. Wenn wir den Rhythmus der Jahreszeiten in einem Kalender abbilden wollen – was für landwirtschaftlich geprägte Kulturen enorm wichtig ist –, dann dürfen wir die Sonne also nicht ignorieren. Ansonsten würden die entsprechenden Daten genau so durch den Kalender und das Jahr wandern, wie das der Ramadan tut.

* Und die Ausrichtung der Erdachse, aber dazu später mehr.

Aus demselben Grund dürfen wir auch nicht einfach außen vor lassen, dass ein Jahr eben ein wenig länger dauert als 365 ganze Tage. Denn dann würde das neue Jahr ein bisschen zu früh beginnen – unser Kalender würde uns schon den 1. Januar anzeigen, während die Erde noch damit beschäftigt ist, das letzte Stück ihrer Runde um die Sonne zurückzulegen. Sie kann diesen Rückstand auch nicht mehr aufholen und im Jahr darauf hat sie am 31. Dezember noch mehr Verspätung angesammelt. Was am Anfang noch nicht weiter auffallen würde, wäre irgendwann definitiv zu spüren. Unser Kalender würde sich auf diese Weise immer weiter von dem entfernen, was die Erde tatsächlich macht. Irgendwann, nach ein paar Hundert Jahren, würde er den 24. Dezember anzeigen, während es bei uns auf der Nordhalbkugel sommerlich warm ist, und ein halbes Jahr später, wenn es laut Kalender Mitte Juli ist, wäre es bei uns kalt und es würde Schnee liegen.

Wir haben unseren Kalender also ein wenig angepasst und Schalttage eingeführt. Wir lassen die Verspätung der Erde nicht aus dem Ruder laufen, sondern warten, bis der Rückstand ungefähr einen Tag beträgt, und schieben dann einen extra Tag, den 29. Februar, ein, um alles wieder zu korrigieren. Warum es gerade dieser Tag ist und wie das genau passiert, werden wir uns später im Buch noch ansehen. Diese modernen Schaltregeln sind allerdings erst gut 450 Jahre alt; einen Bedarf an brauchbaren Kalendern gab es aber auch lange davor. Und die

Menschen wollten sowohl die Sonne als auch den Mond berücksichtigen. Ein Kalender soll nicht nur Jahre und Tage haben oder Tage und Monate, sondern aus Tagen, Monaten *und* Jahren aufgebaut sein. So etwas nennt man »Lunisolarkalender« – und genau hier finden wir den Ursprung der »Tage zwischen den Jahren«.

Unser moderner Kalender ist ein Lunisolarkalender und er ist ein »interkalierender« Kalender. Das ist ein kompliziertes lateinisches Wort, das aber eigentlich nur »Einschub« bedeutet und meint, dass man sich etwas ausgedacht hat, um den Kalender synchron mit den Jahreszeiten zu halten. Wir haben den Schalttag am 29. Februar, man kann es aber auch anders lösen. Der alte römische Kalender hatte zum Beispiel ein Jahr, das, wie der islamische Kalender, aus zwölf Mondmonaten besteht. Da dieser Zeitraum, quasi ein »Mondjahr«, aber deutlich kürzer ist als ein Sonnenjahr, hat man – vereinfacht gesagt – gewartet, bis sich die fehlenden Tage wieder zu einem ganzen Monat aufsummiert haben, und dann einen ganzen zusätzlichen Schaltmonat eingeführt.

Man kann das mit den ganzen Schalttagen und Monaten aber auch einfach ignorieren und sagen, dass das Jahr eben genau zwölf Monate dauert, also 354 Tage lang ist. Dann ist es zu Ende, aber das neue Jahr fängt noch nicht an. Dazu wartet man noch elf Tage, bis die 365 erreicht sind, die die Erde für ihre Runde um die Sonne braucht. Diese elf Tage beziehungsweise diese zwölf Nächte werden keinem Kalenderjahr zugeordnet. Sie existieren zwar, aber sie befinden sich quasi außerhalb der Zeit; sie zählen nicht wirklich – es sind buchstäblich die »Tage zwischen den Jahren«.

In Wahrheit sind das natürlich nur ganz normale Tage, auch wenn sie in den jeweiligen Kalendern keine Bezeichnung haben. Aber wir Menschen sind eben nicht nur messende und rechnende Wesen, sondern auch voller Fantasie. Wir sind in der Lage, die Natur zu beobachten und festzustellen, dass die Bewegung der Himmelskörper bestimmten Rhythmen folgt; wir können diese Zeiträume messen und uns komplizierte Systeme ausdenken, um sie zu einem Kalender zu ordnen, und brauchen dazu nicht mal komplexe wissenschaftliche Instrumente, das haben wir schon vor Jahrtausenden geschafft.* Aber während wir diese regelmäßigen Abläufe am Himmel erforschen, neigen wir offenbar dazu, ihn mit unseren Mythen und Göttern zu füllen. In den mythologischen Vorstellungen der Menschen waren die Tage zwischen den Jahren ein Zeitraum, in dem die üblichen Gesetze nicht mehr gelten. In diesen Tagen außerhalb der Zeit war alles möglich. Zu verschiedenen Zeiten und in verschiedenen Kulturen findet man die Vorstellung, dass die Grenzen zwischen der Welt der Lebenden und der Toten in diesen Tagen durchlässig

* Auf der gut 4000 Jahre alten »Himmelsscheibe von Nebra« haben wir zum Beispiel Regeln für die Einführung von Schalttagen gefunden.

wird, genau wie die zwischen den Welten von Göttern und Menschen. Es haben sich Bräuche entwickelt, um die bösen Geister und Dämonen in Schach zu halten, die das ausnutzen und uns schaden wollen, und wir haben Rituale erfunden, um Kontakt mit ihnen aufzunehmen, um mehr über die Zukunft zu erfahren. Feste, Feiertage und Brauchtum haben sich entwickelt und sind bis heute geblieben.

Unserem modernen Kalender fehlen keine Tage mehr. Aber die zwölf Nächte, die das Ende des einen Mondjahres vom Anfang des nächsten trennen, haben in Form der Rauhnächte und ihres Brauchtums bis heute überlebt.

1

Die Nacht zum 21. Dezember: Was passiert »zwischen den Jahren«?

Wenn man die wissenschaftlichen Hintergründe der Rauhnächte verstehen will, dann ist die Nacht auf den 21. Dezember der beste Ausgangspunkt. Es ist die Nacht, die aus astronomischer Sicht die größte Bedeutung hat. Es ist außerdem die längste Nacht des Jahres. Der 21. Dezember ist gut geeignet, um sich ein paar Gedanken darüber zu machen, was wir wissen – und was nicht.

Woher wissen wir eigentlich, dass ein Mondmonat 29 Tage (und 12 Stunden und 44 Minuten) dauert oder dass es 365 Tage (und ein bisschen) sind, die die Erde braucht, um eine komplette Runde um die Sonde zu absolvieren? Und vor allem: Woher wussten das die Menschen, die vor 4000 Jahren die Himmelsscheibe von Nebra entworfen haben? Oder die, die vor 4500 Jahren Stonehenge gebaut haben oder das mit gut 7000 Jahren noch ältere »Sonnenobservatorium« von Goseck in Sachsen-Anhalt? Die Menschheit hatte schon vor erstaunlich langer Zeit ein erstaunlich umfangreiches Wissen über die Bewegung der Himmelskörper, schon lange bevor sich das entwickelt hat, was wir heute »Wissenschaft« nennen. Aber sie haben ihr Wissen durch eine

Tätigkeit erlangt, die immer die Grundlage jeder wissenschaftlichen Erkenntnis war: das Beobachten.

Wenn wir die Welt verstehen wollen, müssen wir sie beobachten. Das klingt trivial, ist aber sehr viel komplexer, als man denken mag. Es geht nicht einfach darum, nur mal zu schauen, was so alles passiert. Man muss hinschauen und man muss es auf die richtige Weise tun. Entscheidend ist es, die Welt zu beobachten, ohne gleich Annahmen darüber zu treffen, was es ist, das man sehen wird. Der Blick muss offen und gleichzeitig fokussiert sein und man muss lernen, zwischen Beobachtung und Interpretation zu unterscheiden. Erst wenn man beobachtet hat, was ist und was nicht, kann man dazu übergehen, Vermutungen und Hypothesen aufzustellen.

Nehmen wir als Beispiel die Bewegung der Himmelskörper: Die simpelste Beobachtung, die man in dieser Hinsicht machen kann, ist die Tatsache, dass es in der Nacht dunkel ist. Auf den ersten Blick scheint das keiner weiteren Betrachtung wert. Aber die echte Beobachtung hört nicht mit dem ersten Blick auf, sondern fängt dann erst an. Man kann einen Sonnenaufgang beobachten und sich an dessen ästhetischem Farbenspiel erfreuen. Man kann aber gleichzeitig auch bemerken, wo die Sonne aufgeht. Betrachtet man dasselbe Phänomen einen Tag später, dann wird man vermutlich kaum einen Unterschied feststellen, genauso wie am Tag darauf. Aber wenn man den Sonnenaufgang nicht nur ein paar Tage hintereinander beobachtet, sondern über Wochen und Monate hinweg genau prüft, wo die Sonne aufgeht, wird man definitiv eine Veränderung feststellen. Sie wird natürlich immer in einer Himmelsrichtung aufgehen, die grob im Osten liegt. Aber der exakte Punkt, an dem sie über dem Horizont erscheint, verschiebt sich von Tag zu Tag leicht. Er wird mal in Richtung Nordosten wandern und mal in Richtung Südosten. Wenn man wirklich genau Bescheid wissen will, kann man die Richtung des Aufgangspunktes zum Beispiel mit einem Holzpfosten markieren (und muss dann selbstverständlich darauf achten, bei der Beobachtung immer am selben Platz zu stehen) und die Verschiebung mit weiteren Pfosten festhalten. Macht man das lange genug, so wird man merken, dass die Variationen des Sonnenaufgangs nicht willkürlich sind, sondern sich periodisch wiederholen. Wenn sie an einem bestimmten Tag genau im Osten aufgeht, verschiebt sich der Punkt vielleicht in Richtung Nordosten, bevor er irgendwann wieder die Richtung wechselt, wieder genau im Osten steht und sich dann nach Südosten bewegt. Auch da wird es einen Umkehrpunkt geben und wenn die Sonne das nächste Mal exakt im Osten aufgeht, beginnt der Zyklus von vorne.

Man muss keine Ahnung von der realen Bewegung der Himmelskörper haben, um diese Beobachtung anzustellen. Man muss nichts über das Gravitationsgesetz von Isaac Newton wissen oder über den Unterschied zwischen dem geozentrischen und dem heliozentrischen Weltbild – sondern einfach nur ausreichend lange ausreichend genau beobachten. Der Rhythmus, den ich gerade erläutert habe, beschreibt, wie sich der Aufgangspunkt der Sonne im Laufe eines Jahres verändert. Oder anders gesagt: Wer dieses Muster bei der Beobachtung der Sonnenaufgänge entdeckt, hat damit eine Möglichkeit an der Hand, ein »Jahr« zu definieren. Und wer sich die Mühe macht, die Sonne so lange zu beobachten, wird dabei zwangsläufig noch mehr feststellen. Zum Beispiel, dass die Sonne nicht immer zum selben Zeitpunkt aufgeht. Wenn der Aufgangspunkt sich von Osten in Richtung Nordosten bewegt, geht die Sonne zunehmend früher auf (und später unter). Wenn sie auf der anderen Seite beim Aufgang Richtung Südosten wandert, werden die Tage kürzer. Und wer schon so viel Aufwand betreibt, die Sonne so genau zu beobachten, wird das vermutlich nicht nur bei ihrem Aufgang tun, sondern auch zu anderen Zeiten des Tages – und dabei herausfinden, dass sie nach dem Aufgang am Himmel nach oben wandert und dann wieder nach unten, bevor sie hinter dem Horizont versinkt. Auch hier gibt es Variationen, die sich wiederholen. Den Höchststand der Sonne an einem bestimmten Tag kann man ebenfalls mit simplen Mitteln aufzeichnen; auch hier reicht im Prinzip ein Holzpflock in der Erde, über den man die Sonne anpeilt und ihren Stand markiert. Wenn die Tage kurz sind, wird die Sonne sich gleichzeitig auch nicht weit über den Horizont erheben, bei den längeren Tagen dagegen wandert sie weit nach oben.

All diese Beobachtungen (nicht nur bei der Sonne, sondern auch beim Mond) konnten Menschen auch ohne technische Hilfsmittel anstellen. Sie mussten nur bereit sein, genau hinzusehen und darüber nachzudenken, was sie da genau gesehen haben. Große prähistorische Anlagen wie Stonehenge oder das Sonnenobservatorium von Goseck dienten zwar vielen verschiedenen Zwecken, aber einer davon bestand auch darin, die Position der Sonne am Himmel zu markieren. Durch lange Beobachtungen wusste man zum Beispiel, dass es einen speziellen Tag im Verlauf eines Jahres gibt, an dem die Sonne zu Mittag so tief am Himmel steht wie sonst nie. Diesen Punkt kann man markieren; zum Beispiel, indem man einen speziellen Stein genau in der Richtung aufstellt, in der die Sonne an diesem Tag aufgehen wird. Und wenn sie das tut, dann weiß man: In den Tagen danach wird sie wieder länger zu sehen sein und höher über den Horizont wandern. Oder anders gesagt: An diesem Tag ist der Höhepunkt des Winters erreicht und man kann damit rechnen, dass es wieder wärmer wird.

Für uns in unserer modernen Welt ist das nicht weiter bemerkenswert, aber für die Menschen vor Tausenden von Jahren war das höchst wertvolles Wissen. Mit unserer Kenntnis über die Bewegung der Himmelskörper können wir uns heute sicher sein, dass auf jeden Winter ein neuer Frühling folgt. Damals war das aber nicht so klar; man konnte zwar sehen, dass sich die jahreszeitlichen Rhythmen wiederholen. Aber man wusste nicht, warum, und konnte sich deswegen auch nicht darauf verlassen, dass der Winter wirklich enden würde, und musste sich fragen, ob die Götter nicht vielleicht doch beschlossen haben, die Welt in ewigem Eis versinken zu lassen.* Auch aus einer rein praktischen Perspektive ist das Wissen über das baldige Ende des Winters von Bedeutung. Wer weiß, dass in naher Zukunft mit dem Frühling zu rechnen ist, kann damit anfangen, die gehorteten Vorräte aufzubrauchen und sich auf eine neue Aussaat und Ernte vorzubereiten. Es ist kein Wunder, dass wir in so vielen prähistorischen Monumenten und Artefakten Hinweise auf die Bewegung von Sonne und Mond finden. Dieses Wissen war überlebenswichtig, sowohl aus lanwirtschaftlicher als auch aus religiöser Sicht. Und das gilt auch für die markanten Tage im Laufe eines Jahres. Dazu gehören die Tage, an denen die Sonne am höchsten oder tiefsten am Himmel steht, also die Tage der Sommer- und Wintersonnenwende (das sind genau die Tage, an denen der Punkt des Sonnenaufgangs am weitesten im Nordosten oder Südosten liegt), und die Zeitpunkte, an denen Tag und Nacht genau gleich lang sind, die Tagundnachtgleichen zum Beginn von Frühling und Herbst. Diese vier Tage markieren die

* Hinzu kommt: Die lokale Temperatur wird ja nicht nur durch die astronomischen Gegebenheiten bestimmt; ein Winter kann aus vielen meteorologischen Gründen auch weit in den kalendarischen Frühling hineinreichen oder schon viel früher enden.

Jahreszeiten – und der 21. Dezember ist der Tag der Wintersonnenwende.

In den Kalendern der Menschen, die vor Jahrtausenden gelebt haben, wird er natürlich nicht als »21. Dezember« bezeichnet worden sein, aber auch sie haben seine Bedeutung erkannt und sie haben diese Erkenntnis durch die Beobachtung der Welt gewonnen.

Ritual für die erste Nacht: Die Nacht der Beobachtung

Die Beobachtung der Welt ist auch das erste wissenschaftliche »Ritual« in diesem Buch. Besorg dir ein kleines Notizbuch, auf dem du festhalten kannst, was in den kommenden Nächten wichtig wird. Denn wenn du vorhast, im kommenden Jahr dich selbst oder etwas anderes zu verändern, dann solltest du zuerst genau wissen, wie der Zustand aussieht, von dem aus du startest. Und dafür musst du lernen, zu beobachten.

Also such dir etwas, das du beobachten kannst. Das kann alles Mögliche sein: ein Baum in deinem Garten, die Straße vor deinem Fenster oder der Sternenhimmel in der Nacht. Du kannst auch dich selbst zum Beobachtungsobjekt machen und dein eigenes Gesicht betrachten. Oder die Art und Weise, wie du jeden Morgen aus dem Bett aufstehst, dir am Abend deine Zähne putzt oder untertags deine Mahlzeiten zubereitest. Aber egal, was es ist: Sei bei deiner Beobachtung so gründlich, wie es die Menschen schon vor vielen Jahrtausenden waren, wenn sie den Lauf der Himmelskörper betrachteten. Vielleicht findest du es langweilig, immer wieder auf denselben Baum im Garten zu starren. Aber wenn du genau genug hinschaust, wirst du Veränderungen bemerken. Natürlich vor allem dann, wenn du den Baum ein ganzes Jahr lang betrachtest, aber auch im Verlauf einiger Tage oder sogar Stunden wirst du sehen, wie sich hier ein einzelnes Blatt verändert hat oder dort ein kleiner Ast abgebrochen ist. Du kannst zusehen, wie Insekten am Baum entlangklettern, Vögel darauf landen und wieder davonfliegen und wie unterschiedliche Lichtverhältnisse den Baum anders aussehen lassen.

Notiere dir deine Beobachtungen, aber bemühe dich dabei, sie vorerst noch nicht zu interpretieren. Bleibe so neutral wie möglich, denn oft zeigt sich die eigentliche Bedeutung eines Phänomens erst nach langer Zeit. Vielleicht erscheint dir eine Veränderung auf den ersten Blick seltsam oder gar irritierend, aber wenn du lange genug hinsiehst, stellt sie sich als völlig normaler Teil eines längeren Prozesses heraus, den du bisher übersehen hast. Wer die Welt nicht exakt beobachtet, kann sie weder verstehen noch zum Guten verändern. Beobachtung ist der erste Schritt in jeder Wissenschaft und muss auch der erste Schritt für jeden Wandel sein, den du selbst erreichen willst.

2

Die Nacht zum 22. Dezember: Schnee und weiße Weihnachten

Die Rauhnächte sind mit der Winterzeit verbunden; sie markieren die Zeit um das Ende des Jahres herum. Dass die Tage um Weihnachten und Silvester herum als eine »stille Zeit« betrachtet werden, hat zum Teil mit dem zu tun, wovon in der Einleitung zu lesen war. Es sind Tage »zwischen den Jahren«, die nicht mehr wirklich dazugehören und die außerhalb des normalen Lebens stehen. Ein wenig ist es heute ja immer noch so: Nach der für viele Menschen hektischen Vorweihnachtszeit kommen die langen Feiertage, dicht gefolgt von Silvester und Neujahr, und die Tage dazwischen fühlen sich oft ein wenig seltsam an, weil man den Alltag hinter sich lässt und gerne mal den Überblick über die Wochentage verliert. Es ist ein bisschen wie im Urlaub, nur dass es in diesem Fall nicht nur das eigene Zeitempfinden betrifft, sondern auch das der meisten anderen Menschen im Umfeld. Die ganze Welt wirkt in dieser Zeit ein wenig entrückt und ruhiger und das oft auch ganz konkret. Denn in der kalten Zeit der Rauhnächte liegt an vielen Orten Schnee, der zum Beispiel den immer lauten Straßenverkehr reduziert und entschleunigt.

Schnee sorgt aber auch selbst für eine Verringerung des Lärms. Wir hören Geräusche nicht nur, wenn der Schall direkt durch die Luft zu unseren Ohren gelangt, sondern auch indirekt, weil die Schallwellen an allen möglichen Objekten und Oberflächen reflektiert werden. Mit harten, ebenen Flächen, also zum Beispiel Straßen oder Felsen, funktioniert das besonders gut. Eine Schneedecke ist aber eine weiche, poröse und unebene Oberfläche. Zwischen den Schneeflocken befinden sich unzählige Hohlräume, sodass der Schnee Schallwellen absorbieren kann, anstatt sie zu reflektieren. Und wenn der Schnee nicht nur am Boden liegt, sondern auch noch vom Himmel fällt, wird es wirklich still. Vor allem große Flocken können Schallwellen in alle Richtungen ablenken, sodass viel weniger Geräusche aus der Umgebung unsere Ohren erreichen. Der Titel des klassischen Weihnachtsliedes »Leise rieselt der Schnee« ist in wissenschaftlicher Hinsicht also völlig korrekt: Wenn es schneit und die Landschaft winterlich weiß ist, ist die Welt auch viel ruhiger als sonst.

Wir verbinden die Weihnachtszeit fast schon automatisch mit Schnee und hoffen jedes Jahr erneut auf »weiße Weihnachten«. Wir wünschen uns Weihnachten so wie früher, als es im Winter noch so richtig kalt war. Aber spielt uns die Erinnerung da nicht einen Streich? War das wirklich so? Ja – und nein. Die Angelegenheit ist kompliziert und wir müssen aufpassen, die Vergangenheit nicht durch Wunschdenken zu verklären. Aus meteorologischer Sicht spricht man dann von »weißen Weihnachten«, wenn es an einem bestimmten Ort (in einer Stadt, einer Region oder einem ganzen Land) eine geschlossene Schneedecke gibt, was bedeutet, dass mindestens ein bis zwei Zentimeter Schnee gefallen sein müssen. Und es muss kalt genug sein, damit dieser Schnee auch liegen bleibt. In den höher gelegenen Bergregionen von Mitteleuropa ist es meistens kalt genug, um weiße Weihnachten feiern zu können, selbst wenn es nicht direkt am 24. Dezember schneit. Die Wahrscheinlichkeit, dass schon früher gefallener Schnee auch zu Weihnachten noch nicht geschmolzen ist, ist hoch.

Abseits der Berge sieht es aber anders aus; hier tritt sehr oft das Phänomen des Weihnachtstauwetters auf. Dabei handelt es sich um eine klimatologische Singularität. So bezeichnet man Wetterlagen, die mit hoher Wahrscheinlichkeit immer zur selben Zeit im Jahr auftreten und eine Abweichung vom eigentlich erwarteten Wetter darstellen. Ein Beispiel sind die sogenannten »Eisheiligen«, also die Frostnächte im Mai, wo man schon warmes Wetter erwarten würde, oder der »Altweibersommer«, der im Herbst noch sommerliche Temperaturen bringt. Das Weihnachtstauwetter hat seinen Ursprung im Norden von Skandinavien. Dort beginnt im November die Polarnacht, das heißt, die Sonne geht irgendwann nicht mehr auf und es bleibt den ganzen Tag über dunkel. Der Boden bekommt keine Energie von der Sonne mehr und verliert die gespeicherte Wärme.

Dadurch wird auch die Luft sehr kalt und je kälter die Luft ist, desto dichter ist sie auch. Die dichte, kalte Luft sinkt nach unten, der Luftdruck steigt und es bildet sich ein Hochdruckgebiet mit ruhigem Wetter und niedrigen Temperaturen. Wenn die kalte Luft sich in Richtung Atlantik bewegt, wo das Wasser noch jede Menge Wärme gespeichert hat, entsteht durch den starken Temperaturunterschied eine scharfe Polarfront. An diesem Grenzbereich zwischen den Luftmassen bilden sich Tiefdruckgebiete und die Atmosphäre wird wirbelig und stürmisch. Die Tiefdruckgebiete über dem Atlantik bewegen sich dann typischerweise wieder Richtung Osten auf Europa zu. Sie bringen die warme, feuchte Meeresluft mit sich. Wenn sie dann in der zweiten Dezemberhälfte bei uns ankommen, wird auch hier die Luft warm. Etwaiger Schnee, der davor schon gefallen ist, taut auf und die Feuchtigkeit in den Tiefdruckgebieten fällt in den tiefer gelegenen Regionen als Regen zu Boden, anstatt neuen Schnee nachzuliefern. Genau das ist das Weihnachtstauwetter und es tritt durchschnittlich in sieben von zehn Jahren bei uns auf.

Auch wenn unsere Erinnerung uns etwas anderes sagen mag, waren die Weihnachten in der Vergangenheit vermutlich ebenso selten weiß, wie sie es in der Gegenwart sind. In Wien gab es zum Beispiel seit den 1950er-Jahren kaum ein Jahrzehnt mit mehr als drei weißen Weihnachten – mit Ausnahme der 1960er-Jahre, in denen es untypischerweise sechs Jahre mit Schneedecke am 24. Dezember zu verzeichnen gab. Einigermaßen verlässlich kann man nur in Regionen, die über 800 Meter hoch liegen, mit weißen Weihnachten rechnen. In Deutschland sieht die Sache ähnlich aus: Im tief gelegenen Hamburg hat man seit 1961 nur zehnmal weiße Weihnachten gefeiert, in München war es 19-mal der Fall. Allgemein liegt die Wahrscheinlichkeit für Schnee an Weihnachten an der Nordsee bei circa zwei Prozent und wird umso größer, je weiter man im Süden Richtung Alpen kommt, wo sie bis auf 40 Prozent steigt (wer in Deutschland mit an Sicherheit grenzender Wahrscheinlichkeit weiße Weihnachten haben will, muss auf den Gipfel der 2962 Meter hohen Zugspitze steigen, wo seit Beginn der Wetteraufzeichnungen im Jahr 1881 jedes Jahr am 24. Dezember Schnee lag). Und selbst in der für ihre Berge berühmten Schweiz ist nur über 700 Meter Meereshöhe mit weißen Weihnachten zu rechnen. Im Schweizer Mittelland (unter 500 Meter Meereshöhe), wo circa zwei Drittel der gesamten Bevölkerung leben, sinkt die Wahrscheinlichkeit von Schnee zu Weihnachten schon auf unter 20 Prozent.

Es mag wenig romantisch erscheinen, sich angesichts des Zaubers der Rauhnächte mit all diesen Zahlen und Statistiken zu beschäftigen. Aber sie sind wichtig, wenn man verstehen will, wie sich die Welt verändert hat – beziehungsweise ob das überhaupt der Fall ist. Wir müssen die Fakten kennen, wenn wir verstehen wollen, welche

Rolle Schnee, Eis und Kälte in der Lebensrealität der Menschen von früher gespielt haben und wie das unsere heutigen Vorstellungen über den Winter und die Rauhnächte beeinflusst. Die Wetterdaten zeigen uns, dass weiße Weihnachten, zumindest in den tiefer gelegenen Regionen Mitteleuropas, in den vergangenen Jahrzehnten immer schon eher die Ausnahme als die Regel waren. Und sie zeigen uns auch, dass der weihnachtliche Schnee in Zukunft noch seltener werden könnte. Denn mittlerweile haben wir es nicht mehr nur mit den normalen Schwankungen des Wetters zu tun, sondern mit einer systematischen Erwärmung der gesamten Erdatmosphäre. Die menschengemachten Treibhausgase, die wir seit Mitte des 19. Jahrhunderts in die Luft pusten, haben den Planeten schon um circa 1,5 Grad erwärmt. In dieser wärmeren Welt sind weiße Weihnachten noch ein wenig unwahrscheinlicher geworden.

Ganz unabhängig davon spielt der Schnee im Winter für uns heute auch längst nicht mehr die umfassende Rolle, die er früher gespielt hat. Die meisten von uns leben in Städten und dort rücken die Räumfahrzeuge schon bei den ersten Schneeflocken aus und sorgen dafür, dass unsere Mobilität nicht mehr als nötig behindert wird. Sieht man von Extremwetterereignissen ab, dann ist der Schnee höchstens ein wenig störend, wenn wir uns mit Autos, Bussen oder Zügen fortbewegen wollen. Aber er zwingt uns längst nicht mehr die Herausforderungen auf, mit denen die Menschen in vergangenen

Jahrhunderten und Jahrtausenden zu kämpfen hatten. Ohne unsere modernen Annehmlichkeiten war es schon schwer genug, unter normalen Bedingungen zu überleben; aber wenn es eiskalt und alles tief verschneit war, dann konnte man kaum anders, als zu Hause zu bleiben. Man musste hoffen, genug Vorräte zu haben, um durch den Winter zu kommen, während wir heute auch am 24. Dezember problemlos (wenn auch etwas gestresst) durch die Supermärkte wandern können.

Unsere technische Zivilisation hat den Schnee, soweit es geht, aus dem Alltag gedrängt, und wenn wir eine »klassische« Winterlandschaft erleben wollen, müssen wir auf Urlaub in die Berge fahren. Vielleicht ist das auch ein Grund, warum die weißen Weihnachten in unserer Vorstellung einen so besonderen Wert haben. Früher war Schnee im Winter eher Grund zur Besorgnis. Zwischen dem 16. und dem frühen 19. Jahrhundert war es auf der Nordhalbkugel im Durchschnitt kühler als davor oder danach. Diese Phase wird als »Kleine Eiszeit« bezeichnet, obwohl sie tatsächlich keine echte Eiszeit war (denn bei einer echten Eiszeit handelt es sich um ein Phänomen, das die ganze Erde betrifft und im Allgemeinen deutlich länger als ein paar Jahrhunderte dauert). Aber die Winter waren kälter als sonst und weiße Weihnachten waren nichts, was die Menschen besonders beschäftigt hat. Schnee zu Weihnachten war der Normalzustand und weder erwähnenswert noch ein Grund zur Vorfreude. Das hat sich erst geändert, als es im 19. Jahrhundert wieder wärmer wurde. Interessanterweise war das auch die Zeit, in der die ersten Weihnachtskarten aufkamen. Die erste wurde 1843 in London gedruckt und zeigt feiernde Menschen, aber keinen Schnee. Auf einem anderen Exemplar von 1845 sieht man den Weihnachtsmann vor einem Schornstein und keine einzige weiße Flocke. Schnee in Verbindung mit traditionellen Weihnachtsmotiven findet man erst ab den 1860er-Jahren. Warum, das weiß man nicht so genau. Es gibt die Vermutung, dass die neue Vorliebe für Schnee auf Weihnachtskarten mit den Reisevorlieben der britischen Oberschicht zu tun hatte, die genau in diesem Zeitraum damit begonnen hat, an den Weihnachtsfeiertagen in die Schweizer Berge zu fahren, wo natürlich jede Menge Schnee lag. Auch Charles Dickens hat die Verbindung zwischen Schnee und Weihnachten in seinen Büchern populär gemacht. Wie auch immer es genau geschehen ist: Seit damals gehören Schnee und Weihnachten zusammen und diese Vorstellung hat sich über die ganze Welt verbreitet. Aber erst seit weiße Weihnachten im 19. Jahrhundert für die meisten Menschen zur Ausnahme geworden sind, sehnen wir uns danach.

Selbst die für uns Menschen nicht direkt wahrnehmbaren langen Zyklen des Erdklimas haben also Einfluss darauf, wie wir die Welt sehen und interpretieren. Die genauen Ursachen der Kleinen Eiszeit sind immer noch Gegenstand der Forschung. Man vermutet aber, dass Vulkanausbrüche dazu beitrugen, die Schwefeldioxid und andere Aerosole in die Atmosphäre transportiert haben. Dort haben diese Stoffe dann einen Teil der Sonnenstrahlung reflektiert. Zum Teil war aber auch vielleicht die Bewegung der Erde selbst für eine Abkühlung verantwortlich. Ihr Weg um die Sonne ist nicht ganz so regelmäßig, wie es auf den ersten Blick scheint. Verfolgt man die Erdbahn über Jahrtausende und noch länger, dann sieht man, dass sie nicht konstant ist. Die Ellipse, auf der sich unser Planet um die Sonne herumbewegt, schwankt ein wenig im Raum hin und her. Sie wird größer und kleiner, sie wackelt und sie ist mal mehr und mal weniger lang gestreckt. Grund dafür ist die Gravitationskraft, die die anderen Planeten des Sonnensystems auf die Erde ausüben, und das Resultat sind langfristige Klimaveränderungen, die sich über viele Jahrtausende hinweg erstrecken können. Es gibt noch mehr Möglichkeiten, durch die sich das Klima der Erde langfristig verändern kann (großflächige Entwaldung, Veränderungen in Meeresströmungen, etc.), aber es ist auf jeden Fall ein faszinierender Gedanke, dass unsere Idee von der Romantik der weißen Weihnachten auch etwas mit der Dynamik des gesamten Sonnensystems und den geophysikalischen Vorgängen im Inneren der Erde zu tun hat.

Schnee, Eis und Kälte sind untrennbar mit unserer Vorstellung der Rauhnächte verbunden. Aber es lohnt sich, dem nostalgisch verklärten Blick der weißen Weihnacht nicht einfach nur zu folgen, sondern die komplexe Geschichte von Wetter, Klima und uns Menschen zu betrachten, die auch dahintersteht. Nur dann lässt sich verstehen, welche Rolle der Winter praktisch und kulturell für uns gespielt hat und wie wir mit den Veränderungen umgehen können, die wir selbst verursacht haben.

Ritual für die zweite Nacht: Die Nacht der Unsicherheit

Ein verbreitetes Ritual in den Rauhnächten ist die Wetterprognose. Das Wetter der ersten Rauhnacht soll demnach bestimmen, wie der kommende Januar sein wird. Die zweite Rauhnacht legt das Wetter für den Februar fest und so weiter. Oft wird das auch noch mit einem »Stichtag« verbunden: Der für das nächste Jahr erstellte Wetterkalender ist nur dann gültig, wenn es in der letzten Rauhnacht trocken ist. Sollte es regnen oder schneien, dann war die Arbeit umsonst und man kann die ganze Wetterprognose verwerfen. Mit einer echten Wettervorhersage hat das natürlich nichts zu tun. Aber zumindest als Schablone ist der Prozess wissenschaftlich korrekt: Zuerst macht man eine Prognose und dann wird sie überprüft – und je nach Ausgang der Prüfung entweder akzeptiert oder verworfen.

Genau so funktioniert Wissenschaft, aber beim Wetter ist die Sache mit den Prognosen auch heute noch schwierig. Dank moderner Satellitenbeobachtung, umfassenden mathematischen Modellen und Berechnungen auf

Supercomputern können wir das Wetter für ein bis zwei Wochen einigermaßen gut vorhersagen. Darüber hinaus sind aber keine seriösen Aussagen zu machen. Es ist unmöglich, das Wetter für ein ganzes Jahr im Voraus zu prognostizieren. Die Vorgänge in der Erdatmosphäre sind dafür schlicht und einfach zu komplex. Wir müssten genau genommen die Bewegung jedes einzelnen Moleküls in der Luft berechnen, die allerdings von der Bewegung jedes anderen Moleküls abhängt. Wir müssten die Bewegung der Erde mit unmöglich zu erreichender Exaktheit messen, die Temperatur von jedem Quadratmillimeter Erd- und Ozeanboden bestimmen und so weiter. Das Wetter ist zu kompliziert, als dass wir es vollständig beschreiben und damit vorhersagen könnten. Aber auch das ist Wissenschaft: Man muss wissen, was man nicht wissen kann. Etwas nicht zu wissen, ist kein Fehler, sondern der Ausgangspunkt jeder weiteren Erkenntnis. Erst wenn uns klar ist, was wir nicht verstehen und was wir auch nicht verstehen können, ist der Weg frei, neue Dinge herauszufinden.

Deswegen schlage ich als wissenschaftliches Ritual für die zweite Nacht vor, dass du versuchst, die Unsicherheit zu akzeptieren. Nimm dir dein Notizbuch und schreibe drei Dinge auf, von denen du gerade nicht weißt, wie sie sich entwickeln werden. Das können Dinge sein, die deine eigene Persönlichkeit oder dein Leben betreffen. Vielleicht weißt du gerade nicht, ob du im nächsten Jahr noch denselben Job machen willst wie in diesem? Oder du hast sportliche Pläne und weißt nicht, wie du sie im nächsten Jahr umsetzen kannst? Du kannst aber auch andere Sachen aufschreiben, bei denen du dir unsicher bist. Wie wird es mit der Klimakrise weitergehen? Wann wird endlich der neue Radweg in meiner Straße fertig gebaut? Wird mein Kind das Schuljahr erfolgreich beenden? Gibt es irgendwo da draußen Aliens? Oder einen Gott? Ich bin sicher, dir werden jede Menge Dinge einfallen, bei denen du dir unsicher bist, denn die sind in unserem Leben meist in der Überzahl.

Lass dich dann aber von dieser Unsicherheit nicht entmutigen! Denke darüber nach, ob es etwas gibt, das du tun kannst, um die Unsicherheit zu verringern. Kannst du irgendetwas an den Entwicklungen beeinflussen? Und was kannst du definitiv nicht beeinflussen? Erkenne den Unterschied zwischen dem, was du nicht weißt, und dem, was du nicht wissen kannst – und dann wird dir auch klar werden, was sich durch dein Zutun und deine Entscheidungen verändern lässt und was nicht. Der Umgang mit der Unsicherheit ist einer der wichtigsten Punkte, der Wissenschaft von Esoterik unterscheidet. Erst ihre Akzeptanz macht es möglich, aus der Beliebigkeit von Wunschvorstellungen zu konkretem Wissen vorzudringen.

3

Die Nacht zum 23. Dezember: Wie vertreibt man böse Geister?

Viele Bräuche der Rauhnächte haben mit Geistern zu tun, die verbannt oder am besten gar nicht erst angelockt werden sollen. Menschen verkleiden sich als »Perchten« und ziehen lärmend durch die Gegend, um den Winter und seine bösen Geister auszutreiben und Platz für den Frühling zu machen. Häuser und Ställe werden ausgeräuchert, um das alte Jahr zu vertreiben und das neue willkommen zu heißen. Diese Bräuche werden wir in den kommenden Kapiteln noch im Detail betrachten, aber hinter Perchten und Räucherwerk verbergen sich auch gleich die zwei schlagkräftigsten Hypothesen, wie die Rauhnächte zu ihrem Namen gekommen sein könnten.* Variante eins geht davon aus, dass der Name sich aus dem »Rauch« der Räucherrituale entwickelt hat. Variante zwei stellt zur Diskussion, dass er vom Fell der Perchtenkostüme und dem mittelhochdeutschen Wort »*rûch*«, das so viel wie »haarig« bedeutet, herrührt. Eindeutige Belege gibt es für keine der beiden Hypothe-

* Die man nach moderner Rechtschreibung eigentlich »Raunächte« schreiben muss.

sen. Sehr gut belegt ist dagegen die Tatsache, dass man sich in Wahrheit gar nicht besonders anstrengen muss, um den Frühling herbeizuführen. Der kommt auf jeden Fall und wie er kommt, steht in den Sternen.

Das bedeutet nicht, dass wir für die Vorhersage der Jahreszeiten die Astrologie bemühen müssen. Auch wenn die Menschheit schon seit Jahrtausenden versucht, ihr Schicksal aus der Position der Himmelskörper abzulesen, funktioniert das heute genauso wenig wie damals. Der Beginn des Frühlings hat aber tatsächlich etwas mit der Position der Sterne am Himmel zu tun. Erinnern wir uns aber zuerst noch einmal kurz an etwas, das wir alle in der Schule gelernt haben. Im Gegensatz zu den Menschen von früher wissen wir heute sehr gut, wie die Jahreszeiten entstehen. Ausgangspunkt ist die Tatsache, dass die Rotationsachse der Erde ein wenig schief im Raum steht. Unser Planet dreht sich einmal pro Tag um seine Achse. Gleichzeitig bewegt sich die Erde während eines Jahres einmal um die Sonne herum. Wir können uns einen Kreisel vorstellen, der um die Sonne saust und sich dabei um sich selbst dreht. Die Rotationsachse des Kreisels steht dabei aber nicht senkrecht, sondern ist ein bisschen geneigt. Oder, wenn man es astronomisch ein wenig präziser ausdrücken möchte: Der Winkel zwischen der Erdachse und einer Linie, die senkrecht auf die Ebene der Erdumlaufbahn steht, beträgt circa 23,5 Grad.

Wenn die Erde sich also nun durch den Weltraum bewegt, ist mal ihre nördliche Hälfte in Richtung Sonne geneigt und mal ihre südliche Hälfte. Im ersten Fall bekommt die Nordhalbkugel mehr Sonnenlicht ab, weil die Sonne dort dann länger am Himmel zu sehen ist als auf der Südhalbkugel. Die Tage dauern länger, es gelangt mehr Sonnenenergie auf die Erdoberfläche und die Sonnenstrahlen fallen unter einem steileren Winkel ein. Oder etwas weniger wissenschaftlich ausgedrückt: Die Sonne geht früh auf, spät unter und es ist warm – wir haben Sommer! Auf der Südhalbkugel ist es dagegen genau umgekehrt und dort herrscht dann Winter. Ein halbes Jahr später hat sich die Erde auf ihrer Bahn so weit bewegt, dass nun die südliche Hälfte der Erde zur Sonne hin geneigt ist, und jetzt ist dort Badewetter, während auf der Nordhalbkugel die Winterkälte eingezogen ist. Dazwischen gibt es zwei Zeitpunkte, wo die Erde auf ihrer Umlaufbahn genau so steht, dass der Tag und die Nacht überall auf der Erde genau gleich lang sind. Jede Hälfte der Erde bekommt gleich viel Licht von der Sonne und das sind die Tage, an denen der Frühling beziehungsweise der Herbst beginnt.

Das ist, wie schon gesagt, etwas, das wir heute alle in der Schule lernen. Wir kennen nicht nur den Ablauf der Jahreszeiten und wissen, wann sie anfangen und aufhören, sondern wissen auch, warum das so ist. Dieses Wissen hat den Menschen früherer Zeiten gefehlt. Sie konnten durch ihre Beobachtung des Himmels zwar durchaus sehr genau vorhersagen, wann die jeweiligen Jahreszeiten eintreten werden. Aber sie kannten die zugrunde liegenden Ursachen nicht und hatten, wenn überhaupt, nur eine vage Vorstellung von der tatsächlichen Bewegung der Himmelskörper des Sonnensystems. Es ist also durchaus verständlich, dass sie jede Menge Rituale erfunden haben, um auch wirklich sicherzustellen, dass der Winter schnell verschwindet und Platz für einen neuen Frühling macht.

Heute kennen wir nicht nur den Grund für die Existenz der Jahreszeiten, wir wissen noch viel mehr. Wir haben mittlerweile sogar herausgefunden, dass der Ablauf der Jahreszeiten in Wahrheit nicht ganz so regelmäßig ist, wie man lange dachte. Bevor wir uns mit diesen modernen Erkenntnissen zum Ende des Winters und Anfang des Frühlings beschäftigen, müssen wir aber zuerst noch einmal einen Blick in die Vergangenheit werfen.

Man darf nicht den Fehler machen, das Wissen der Menschen aus früheren Jahrhunderten zu unterschätzen. Es ist erstaunlich, was man alles entdecken kann, wenn man die Welt nur hartnäckig genug beobachtet. Schon vor über 2000 Jahren hat der griechische Astronom Hipparchos von Nikaia die Position der Sterne am Himmel vermessen und aufgezeichnet.* Beim Vergleich seiner Daten mit einem Katalog, der 150 Jahre älter war, stellte er aber fest, dass sich die Position einiger Stern verändert hatte. Um zu verstehen, was hier passiert, müssen wir uns zuerst klarmachen, was mit der Position

* Hipparchos lebte zwischen circa 190 und 120 v. Chr.

eines Sterns eigentlich gemeint ist. Wer sich eine ganze Nacht lang Zeit nimmt und bei klarem Himmel die Sterne beobachtet, wird feststellen, dass sie sich ständig bewegen. Der ganze Sternenhimmel dreht sich über unseren Köpfen – aber das ist natürlich nur eine scheinbare Bewegung. In Wahrheit ist es die Erde, die sich um ihre Achse dreht und dabei unsere Perspektive aufs All verändert. Vor der astronomischen Revolution im 17. Jahrhundert durch die Erkenntnisse von Galileo Galilei, Nikolaus Kopernikus, Johannes Kepler und Isaac Newton gingen die meisten Menschen davon aus, dass die Erde stillsteht. Man hielt das, was man vermeintlich sehen konnte, für die Realität: Der Sternenhimmel »bewegt sich«, also dreht er sich offenbar um die Erde herum, die sich demnach im Zentrum des Universums befinden muss. Für die Betrachtung der Sternpositionen ist es aber vorerst egal, ob sich die Erde dreht oder der restliche Kosmos. Wenn man den Sternenhimmel über einen längeren Zeitraum hinweg betrachtet, wird man merken, dass sich die Position der Sterne relativ zueinander nicht verändert, auch wenn sich der ganze Sternenverbund zusammen über den Himmel bewegt. Und wenn von »Sternpositionen« die Rede ist, dann ist der Ort eines Sterns gemeint, der in Bezug auf einen Punkt gemessen wird, der sich mit dem ganzen Himmel um die Erde dreht.

Hipparchos hat dafür den sogenannten »Frühlingspunkt« verwendet. Damit ist kein realer Ort gemeint, mit ein bisschen Vorstellungskraft kann man aber leicht verstehen, worum es sich handelt und was das mit dem Frühling zu tun hat. Dazu müssen wir uns zuerst überlegen, wo sich die Sonne an unserem Himmel zeigt. Klar, sie geht jeden Morgen (mehr oder weniger) in Richtung Osten auf, bewegt sich dann nach Süden und steigt dabei immer weiter über den Horizont, bevor sie am Abend irgendwo im Westen wieder untergeht. Aber auch das ist nur eine scheinbare Bewegung. In Wahrheit steht die Sonne still, während die Erde sich um ihre Achse dreht. Aber wenn man genau hinschaut, wird man ein interessantes Phänomen erkennen. (Und mit »genau hinschauen« möchte ich niemanden auffordern, tatsächlich direkt in die Sonne zu blicken, denn durch das extrem helle Licht können die Augen stark geschädigt werden.) Blicken wir also vorerst nur in Gedanken auf die Sonne und tun wir so, als würde ihr Licht nicht sämtliche Sterne am Himmel überstrahlen. Wir können dann zum Beispiel die Sterne markieren, die an einem bestimmten Tag im Hintergrund der Sonne zu sehen sind, wenn sie aufgeht. Wenn wir diese Beobachtung an den folgenden Tagen wiederholen, dann werden wir merken, dass sich die Position der Sonne bei ihrem Aufgang in Bezug auf diese Hintergrundsterne verändert. Und wenn wir die Position der Sonne über ein ganzes Jahr hinweg aufzeichnen, dann werden wir sehen, dass sie eine komplette Runde über den Himmel absolviert hat. Auch hier ist leicht zu verstehen, was passiert: Die Erde bewegt sich im Laufe eines Jahres um die Sonne herum und dadurch ändert sich auch unsere Blickrichtung, was sie vor einem wechselnden Hintergrund erscheinen lässt.

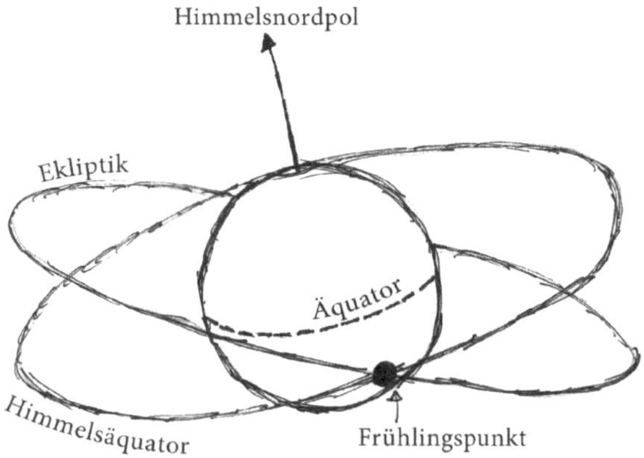

Die scheinbare Bahn der Sonne am Himmel nennt man »Ekliptik« und sie war schon in der Astronomie der Antike bekannt. Natürlich wurden die Sterne auch damals schon durch das Licht der Sonne überstrahlt, aber wenn man sie in der Dämmerung beobachtet, wo schon ein paar helle Sterne am Himmel stehen, kann man trotzdem einen guten Eindruck davon bekommen, wo sie sich befindet. Die Ekliptik ist in Wahrheit nichts anderes, als die an unseren Himmel projizierte Umlaufbahn der Erde. Ich habe bereits erwähnt, dass die Rotationsachse der Erde ein wenig schief steht. Und das, wozu sie schief steht, ist die Ebene der Ekliptik. Diese

Tatsache gibt uns die Möglichkeit, ein vernünftiges System für die Messung von Sternpositionen zu finden.

Achtung, jetzt wird es kurz ein wenig knifflig. Aber keine Sorge, wenn die Leute in der Antike das rausgekriegt und verstanden haben, schaffen wir das auch. Stellen wir uns jede Menge Menschen vor, die eine lange Kette einmal rund um die Erde bilden, direkt am Äquator (und ignorieren wir dabei die Tatsache, dass die meisten davon dann irgendwo im Ozean stehen müssten). Alle haben einen starken Laserpointer dabei und richten ihn senkrecht nach oben auf den Himmel. Die Linie aus Punkten, die dabei entsteht, entspricht genau dem Äquator, nur eben an den Himmel projiziert. In der Astronomie nennen wir diesen Kreis, der einmal um den Himmel herum verläuft, deswegen auch den »Himmelsäquator«. In echt kann man ihn natürlich nicht als Linie aus Laserlicht sehen, aber wenn wir dem Gedankenexperiment folgen, dann würden wir einen Bogen sehen, der im Osten über dem Horizont erscheint, in Richtung Süden nach oben an den Himmel hinaufsteigt und sich dann wieder nach unten biegt und im Westen hinter dem Horizont verschwindet. Stellen wir uns jetzt außerdem noch vor, dass wir die Ekliptik ebenfalls durch eine Linie aus Licht am Nachthimmel markieren könnten: Wie würde das dann aussehen?

Ich habe zu Beginn erklärt, dass die Erdachse nicht senkrecht zur Ebene der Erdbahn steht, sondern ein wenig gekippt ist. Wir können das jetzt aber auch so erklären: Ekliptik und Himmelsäquator sind nicht parallel, sondern um circa 23,5 Grad gegeneinander geneigt (denn wenn die Erdachse schief steht, also die Erde ein wenig gegenüber der Ekliptik kippt, neigt sich die Ebene des Äquators automatisch mit). Wenn wir den Himmelsäquator als unsere Referenzlinie am Himmel nehmen, dann würden wir die Ekliptik als eine Linie sehen, die dazu geneigt ist. Vor allem aber: Himmelsäquator und Ekliptik überschneiden sich an zwei Stellen. Was bedeutet das für das Verständnis der Jahreszeiten?

Die scheinbare Bewegung der Sonne entlang der Ekliptik verläuft ein halbes Jahr lang oberhalb des Himmelsäquators und ein halbes Jahr lang darunter. Wenn sie – von einem bestimmten Punkt der Erde aus betrachtet – tief unter dem Himmelsäquator steht, dann ist dort Winter. Der Punkt, an dem sie am tiefsten steht, bevor sie wieder weiter nach oben wandert, wird »Wintersonnenwende« genannt, und ein halbes Jahr später ist es beim Höchststand der Sonne und der »Sommersonnenwende« genau umgekehrt. Die Sonne hält sich also mal in der nördlichen Hälfte des Himmels auf und mal in der südlichen Hälfte. Wenn sie von Süden nach Norden wechselt, dann steht sie genau in einem der beiden Schnittpunkte von Ekliptik und Himmelsäquator; bei Wechsel von Nord nach Süd steht sie im anderen Schnittpunkt. Das sind die Zeitpunkte, zu denen Tag und Nacht exakt gleich lang sind und die den Anfang von Frühling und Herbst markieren – weswegen die beiden Schnittpunkte auch Frühlings- bzw. Herbstpunkt genannt werden.

Beide Punkte drehen sich Nacht für Nacht gemeinsam mit den Sternen um die Erde herum und können daher als Bezugspunkt für die Bestimmung von Koordinaten verwendet werden. Hipparchos hat sich damals den Frühlingspunkt ausgesucht und in seinem Sternkatalog angegeben, wie weit die einzelnen Himmelskörper davon entfernt waren. Und er war überrascht, dass das nicht mit dem übereinstimmte, was seine Vorgänger gemessen haben. Tatsächlich war mit den Sternen alles in Ordnung; die waren genau da, wo sie auch früher waren.* Was sich verändert hatte, war die Position des Frühlingspunktes. Er bewegt sich, langsam, aber sicher, einmal um den Himmel herum. Als Hipparchos seine Beobachtungen anstellte, schnitten sich Himmelsäquator und Ekliptik dort am Himmel, wo wir die Sterne des Sternbilds »Widder« sehen. Mittlerweile ist er in das Sternbild der Fische gewandert und in ein paar Hundert Jahren wird er sich im Sternbild Wassermann befinden. Es dauert knapp 26 000 Jahre, bis der Frühlingspunkt eine komplette Runde um den Himmel absolviert hat. Hipparchos hat dieses Phänomen, das man heute »Präzession« nennt, vor über 2000 Jahren entdeckt.

* Wir wissen heute, dass sich Sterne auch tatsächlich durch den Weltraum bewegen und dadurch ihre Position ständig ändern. Um diesen Effekt zu beobachten, braucht man aber genaue Instrumente, die Hipparchos nicht zur Verfügung standen.

Heute kennen wir auch die Ursache dafür: Die Erdachse steht nicht nur schief, sie dreht sich auch ein bisschen. Der Punkt am Himmel, auf den sie zeigt, verändert sich. Im Norden ist sie derzeit fast genau in Richtung des Polarsterns orientiert. In ein paar Tausend Jahren wird der uns aber nicht mehr helfen können, den Norden zu finden, denn die Erdachse wird dann ganz woanders hinzeigen. Der Grund für diese Drehung der Erdachse sind die gravitativen Störungen, die Sonne und Mond auf unseren Planeten ausüben, und die Tatsache, dass die Erde keine perfekte Kugel ist, sondern um den Äquator herum ein wenig breiter. Dieses Taumeln der Erdachse verändert aber natürlich auch die Position, an der sich Ekliptik und Himmelsäquator schneiden – und damit die Position des Frühlingspunktes.

Man muss darüber Bescheid wissen, wenn man die Position von Himmelskörpern (und Raumfahrzeugen) möglichst exakt angeben will; für die Jahreszeiten hat das aber vorerst keine Auswirkungen. Dem Frühling ist es egal, wo sich der Frühlingspunkt gerade am Himmel befindet; die Tagundnachtgleiche findet ja trotzdem statt. Das stimmt, aber die jeweilige Position des Frühlingspunktes bestimmt, wo sich die Erde auf ihrem Lauf um die Sonne gerade befindet, wenn der Frühling anfängt. Aktuell beginnt der Frühling (auf der Nordhalbkugel), zweieinhalb Monate nachdem die Erde den sonnennächsten Punkt ihrer Umlaufbahn erreicht hat. Dort befindet sie sich am 3. Januar – und es mag seltsam erscheinen, dass das mitten in unserem Winter ist. Aber auch wenn die Bahn der Erde um die Sonne kein exakter Kreis ist, sind die Unterschiede vergleichsweise klein. Die Menge an zusätzlicher Wärme, die wir im Januar bekommen, macht unseren Winter nicht nennenswert wärmer, genauso wie es im Nordhalbkugelsommer nicht merklich kühler ist, wenn die Erde Anfang Juli den sonnenfernsten Punkt ihrer Bahn erreicht. Durch die Präzession der Erdachse wird sich das aber ändern. In circa 11 000 Jahren wird sich die Situation umgedreht haben: Auf der Nordhalbkugel wird Winter herrschen, wenn die Erde fern der Sonne ist, und das kann dazu führen, dass diese Winter dann kälter, härter und länger ausfallen als jetzt. Es hilft auch nicht, dass auf der Südhalbkugel der Erde dann Sommer ist. Auf der Nordhalbkugel gibt es viel mehr Land als auf der südlichen Hälfte. Dort kann also auch viel mehr Schnee und Eis liegen bleiben; es können sich mehr und größere Gletscher bilden, und wenn die Winter dort härter sind, schmilzt auch im Sommer weniger davon ab. Das Eis reflektiert die Strahlung der Sonne, sodass noch weniger Wärme zu uns gelangt. Im schlimmsten Fall kann das zu einer Kettenreaktion führen, die die Erde in eine neue Eiszeit wirft.

Vor langer Zeit haben sich die Menschen gesorgt, dass der Winter vielleicht doch nicht enden würde. Sie haben Rituale entwickelt, um die bösen Dämonen von Eis und Schnee zu vertreiben und Platz für den nächsten

Frühling zu machen. Heute wissen wir sehr viel besser darüber Bescheid, wie das Wechselspiel der Jahreszeiten funktioniert. Wir haben alle Bewegungen im Tanz der Himmelskörper erforscht und wissen, dass wir keine Geister vertreiben müssen, um den Frühling zu ermöglichen. Wir wissen aber auch, dass auf lange Sicht durchaus wieder ein Winter kommen kann, der kein Ende zu haben scheint.

Ritual für die dritte Nacht: Die Nacht der Hypothesen

Aus Sicht der Menschen von damals hat die Austreibung des Winters wunderbar funktioniert. Obwohl historisch nicht ganz klar ist, was »damals« im Kontext der Perchtenläufe bedeutet. Umzüge mit Verkleidung und Lärm gab es schon vor Jahrtausenden bei den römischen Neujahrsfeiern. Viele der heute noch stattfindenden Perchtenläufe lassen sich aber nur bis ins 19. Jahrhundert zurückverfolgen. So oder so: Die Rituale funktionierten und der nächste Frühling kam verlässlich. Aus wissenschaftlicher Sicht könnte man sagen, die Menschen haben ihre Hypothese geprüft und bestätigt. Einen wichtigen Punkt haben sie allerdings ausgelassen: zu prüfen, was passiert, wenn sie nichts tun. Um die Hypothese »Perchten vertreiben den Winter« sauber zu testen, hätten sie auch ausschließen müssen, dass der Beginn des Frühlings nicht vielleicht doch eine ganz andere Ursache haben könnte als das Gelärme der Perchten-Glocken.

Du kannst dieses Prinzip für ein wissenschaftliches »Ritual« nutzen, um dir über die Sinnhaftigkeit deiner Handlungen klar zu werden und um herauszufinden, welche Veränderungen für das kommende Jahr lohnend sind und welche nicht. Formuliere dazu ein paar eigene Hypothesen, in der Form von »Wenn ich X ändere, wird Y passieren«. Zum Beispiel »Wenn ich nicht mehr jeden Abend vor dem Schlafengehen auf mein Handy schaue, werde ich besser einschlafen«. Oder »Wenn ich ab jetzt mit dem Fahrrad zur Arbeit fahre anstatt mit dem Auto, werde ich länger brauchen und weniger Freizeit haben«. Oder »Wenn ich mich mehr um mich selbst kümmere als um andere, werden meine Freunde böse auf mich werden«. Überlege dir, wie du diese Hypothesen prüfen kannst, und lege vor allem einen fixen Zeitpunkt fest, an dem du diese Überprüfung durchführen möchtest. Schreib alles in dein Notizbuch, damit du nicht in Versuchung gerätst, die Auswertung früher oder später zu machen als geplant. Auch wenn du vorher schon zu wissen glaubst, wie sich eine bestimmte Entscheidung auswirken wird: Jeder Glaube muss überprüft werden, damit daraus Wissen werden kann.

4

Die Nacht zum 24. Dezember: Alte Götter und neue Feste

Weihnachten ist für uns heute das wichtigste Fest am Jahresende.* Das war nicht immer so – aber Feste gab es in der dunklen Winterzeit schon immer jede Menge. Aus christlicher Sicht feiert man an Weihnachten die Geburt Jesu, früher waren es andere Götter, die man entsprechend verehrte. Die Mythen der Antike setzen sich zum Teil in den Rauhnächten fort und in ihnen steckt heute immer noch ein Teil des Wissens über die Himmelskörper von damals. Ein Beispiel dafür betrachten wir in diesem Kapitel genauer.

In den vergangenen Kapiteln habe ich immer wieder auf den engen Zusammenhang zwischen der Astronomie, den Jahreszeiten und der Landwirtschaft hingewiesen. Nur wer den Himmel beobachtet und die Muster erkennt, die sich dort zeigen, kann die Rhythmen der Natur vorhersagen und damit auch rechtzeitig die Ernte einbringen, bevor der Winter kommt, oder den besten

* Zumindest für uns in Mitteleuropa und dem Rest der vom Christentum beeinflussten Welt. Aber auch in anderen Weltgegenden setzt sich Weihnachten als von der Religion losgelöstes Fest immer mehr durch, zum Beispiel in weiten Teilen Asiens.

Zeitpunkt für die Aussaat bestimmen. Aus dieser Beschäftigung mit der Bewegung der Himmelskörper und der Erstellung von Kalendern ist das Konzept der »Tage zwischen den Jahren« und damit der Rauhnächte überhaupt erst entstanden. Die Beobachtung des Nachthimmels ist aber natürlich auch der Ursprung der Astronomie. Wie das eine mit dem anderen auch heute noch zusammenhängt, können wir uns am Beispiel des Planeten Saturn ansehen.

Von der Sonne aus gesehen ist Saturn der sechste Planet des Sonnensystems. Heute wissen wir, dass hinter Saturn noch Uranus und Neptun ihre Runden ziehen, aber diese beiden Planeten wurden erst im 18. und 19. Jahrhundert entdeckt. Davor markierte Saturn das Ende des Sonnensystems und diese Sonderstellung haben die Menschen schon vor Jahrtausenden bemerkt. Sie wussten natürlich noch nicht, dass die Planeten große Himmelskörper sind, die die Sonne umkreisen. Für sie stand selbstverständlich die Erde unbewegt im Mittelpunkt und Sterne und Planeten waren vorerst einfach nur Lichtpunkte am Nachthimmel. Aber nicht alle Lichtpunkte waren gleich. Ein Teil von ihnen bewegte sich offenbar nicht, abgesehen von der Drehung des gesamten Himmels um die Erde herum. Nacht für Nacht konnte man sie in denselben Konstellationen beobachten. Das waren die Sterne. Aber es gab auch eine Handvoll Lichtpunkte, für die offensichtlich andere Regeln galten. Sie waren mal hier und mal dort und in manchen Nächten gar nicht zu sehen. Sie wanderten durch die Sterne hindurch – und diese Ausreißer sah man sich natürlich ganz besonders aufmerksam an.

Offenbar folgten sie anderen Regeln als die Sterne, aber welche das waren, schien ungleich schwerer zu fassen. Der Gedanke lag nahe, diese Wanderer nicht einfach nur als weitere Lichtpunkte am Himmel zu begreifen, sondern quasi als »beseelt«. Damals wusste man nichts über Gravitationskräfte, über elliptische Umlaufbahnen oder Naturgesetze. Man ging davon aus, dass Dinge nicht »einfach so« passieren können. Wenn ein paar Lichtpunkte am Nachthimmel sich also völlig anders verhalten als die anderen, dann musste es eine Ursache dafür geben – und die unsichtbaren Akteure, die die hellen Lichter in Bewegung versetzen, mussten, so die Annahme, die Götter sein. Es lag also nahe, die »Planeten« (wie wir heute dazu sagen) mit göttlichen Wesen in Verbindung zu bringen.

Man orientierte sich dabei an dem, was man konkret sehen konnte. Mars zum Beispiel leuchtet erkennbar rot, was an Blut und Krieg denken lässt, also muss es sich dabei um ein Symbol des Kriegsgottes handeln. In Babylonien, wo man vor über 2500 Jahren die ersten brauchbaren Theorien zur Bewegung der Planeten entwickelt hat, wurde so zum Beispiel der Unterwelt- und Unheilsgott Nergal mit dem Mars in Verbindung gebracht. Jupiter ist (nach der Venus) der hellste Planet am Himmel und leuchtet gold-gelblich; ein passendes Symbol für

Marduk, das Oberhaupt der babylonischen Götter. Die hell strahlende Venus war Dilbat oder Ishtar, Göttin der Liebe. Merkur, der sonnennächste Planet, der sich deswegen am Himmel auch am schnellsten bewegt, wurde mit Nabu assoziiert, dem Gott der Weisheit und göttlichen Boten. Saturn dagegen bewegt sich am Himmel nur langsam. Er ist weit von der Sonne entfernt und braucht für einen Umlauf fast 30 Jahre. Seine ruhige, langsame und kontinuierliche Bewegung hat ihm (unter anderem) den Namen »Kajamanu« eingebracht, was im Akkadischen so viel wie »der Beständige« bedeutet. Damit war Saturn auch bestens geeignet, um mit den ebenso langsamen und beständigen Zyklen von Aussaat, Ernte und Landwirtschaft und den entsprechenden Göttern in Verbindung gebracht zu werden.

Schon in den frühesten bekannten Aufzeichnungen über die Himmelskörper können wir in den Namen und Eigenschaften der Gottheiten, nach denen sie benannt wurden, Informationen über die realen Eigenschaften der Planeten finden. Und über die Vermittlung der griechischen und römischen Astronomie sind diese alten mythologischen Verbindungen der Planeten bis in die Gegenwart gelangt. Die Namen der Götter haben sich zwar geändert, aber die Geschichten sind gleich geblieben. Merkur, der auf Griechisch »Hermes« heißt, ist immer noch der flinke Götterbote. Aus Ishtar wurde Aphrodite und dann Venus, die Göttin der Liebe, und den Job des Kriegsgottes am Himmel haben der griechische Ares beziehungsweise der römische Mars übernommen. Jupiter und Zeus sind immer noch die Oberhäupter von allem und die Landwirtschaft wird weiterhin vom langsamen Saturn repräsentiert. »Saturnus« ist der römische Gott des Ackerbaus und der Aussaat. In der griechisch-römischen Mythologie wird er von seinem Sohn Jupiter entmachtet und flieht nach Latium, die Region im Umland der Stadt Rom, wo er aufgenommen wurde.* Aus Dankbarkeit lehrte er die Menschen dort den Acker- und vor allem den Weinbau. Ein goldenes Zeitalter brach an und zum Dank wurde ihm zu Ehren jedes Jahr ein Fest gefeiert. Im Dezember, nachdem die Wintersaat ausgebracht wurde, beging man die »Saturnalien«, die vorerst nur eine kleinere Feierlichkeit und eine lokale Angelegenheit waren. Erst als die Karthager 217 v. Chr. während des Zweiten Punischen Krieges Rom bedrohten, machten die römischen Priester daraus ein großes Fest, um die Götter günstig zu stimmen. Zuerst wurden die Saturnalien nur am 17. Dezember gefeiert, später hat man sie auf mehrere Tage ausgedehnt, bis zum 23. oder gar 30. Dezember. Man kann sich die Saturnalien am ehesten als ein großes Gelage vorstellen. Öffent-

* Die Geschichte dahinter ist äußerst blutrünstig. Wer möchte, kann sie gerne in entsprechenden Mythologien über Saturn beziehungsweise sein griechisches Pendant Kronos nachlesen. Die älteste Version der Story findet man in der *Theogonie* von Hesiod, ein wenig moderner und unterhaltsamer hat sie Stephen Fry in *Mythos* erzählt.

liche Einrichtungen hatten geschlossen; überall gab es Essen und Trinken. Man verkleidete sich und machte einander Geschenke. Die üblichen Regeln waren aufgehoben; Glücksspiel um Geld war während der Saturnalien erlaubt und die Rollen zwischen Herrschenden, Dienerschaft und Sklaven wurden vertauscht.

Viel von dem, was die römischen Saturnalien ausmachte, finden wir heute in den verschiedenen Karnevals- und Faschingsbräuchen wieder, aber auch in den Festen, die wir zu Weihnachten oder Silvester feiern (auch wenn es übertrieben wäre, eine direkte Linie der Traditionsweitergabe von der römischen Antike bis in die Gegenwart zu ziehen). Es wurde auch immer wieder spekuliert, ob das junge Christentum das Weihnachtsfest absichtlich ans Ende der Saturnalien gesetzt hat. Taktisch wäre es nicht schlecht gewesen. Wenn das Volk sowieso schon eine Party erwartet, dann kann man die Feiersaison auch gleich für den eigenen Gott reklamieren. Handfeste historische Belege gibt es dafür allerdings nicht (und wir werden uns Weihnachten im nächsten Kapitel ein wenig genauer anschauen).

Aber egal ob Weihnachten oder die Saturnalien: Zu feiern gab es im Winter schon immer jede Menge. Wenn sich mit der Wintersonnenwende das Ende der kalten Jahreszeit ankündigt, ist das die beste Zeit, um die Vorräte aufzubrauchen. Man kann mit Lärm und Trubel die Wintergeister vertreiben, sich für das vergangene Jahr bedanken und um ein gutes neues Jahr bitten.

Man kann, und darauf können sich vermutlich alle unabhängig von der Religion einigen, ein wenig Licht und Freude in eine ansonsten dunkle und trübe Jahreszeit bringen.

Die Rauhnächte stehen zwar nicht in einer direkten traditionellen Linie zu den Bräuchen, Festen und Riten der Antike, aber sie erinnern uns trotzdem noch daran, wie wichtig der Himmel seit jeher für die Menschen war. In Babylonien hat man vor Jahrtausenden die Grundlagen für ein Verständnis der Bewegung von Planeten, von Sonne und Mond und der Jahreszeiten gelegt. Die Namen, die man den Himmelskörpern damals gab, und die Mythen, die man mit ihnen verknüpfte, enthalten dieses Wissen. Im Grunde feiern wir die Feste, die man mit den Planetengöttern in Verbindung brachte, auf die eine oder andere Art auch heute noch.

Ritual für die vierte Nacht: Die Nacht der Überprüfung

Unser Wissen verändert sich im Laufe der Zeit. Die babylonische Astronomie wusste, dass Saturn der langsamste Planet ist, aber nicht, warum das so ist. Das haben erst Isaac Newton und Johannes Kepler herausgefunden, als die Theorie der Planetenbewegung auf eine moderne naturwissenschaftliche Basis gestellt wurde. Noch später haben wir Uranus und Neptun entdeckt, die sich noch langsamer um die Sonne bewegen als Saturn. Wissen kann sich aber nur verändern und damit erweitern, wenn es auch weitergegeben wird. Wir können noch heute jahrtausendealte Keilschrifttafeln mit astronomischen Aufzeichnungen lesen; wir haben Texte aus dem antiken Griechenland und Rom, mittelalterliche Handschriften und moderne Forschungsbibliotheken. Es reicht aber nicht, das Wissen einfach nur weiterzutragen; es muss dabei auch kontinuierlich überprüft werden.

In der modernen Wissenschaft gibt es dafür das Konzept des »peer review«. Bevor eine neue wissenschaftliche Erkenntnis veröffentlicht werden kann, wird sie von Kolleginnen und Kollegen begutachtet. Sollten sie Einwände haben, müssen sie adressiert und korrigiert werden, ansonsten kommt es nicht zur Publikation. Ohne peer review würde die moderne Forschung nicht funktionieren. Man kann dieses Konzept aber auch gut als wissenschaftliches »Ritual« verwenden, um ein wenig mehr über sich selbst herauszufinden.

Formuliere ein paar Aussagen (über dich), die du für richtig hältst. Beschreibe dich selbst, deine Eigenschaften, Stärken und Schwächen. Zeige das dann einem Menschen, dem du vertraust und der dich gut kennt, und bitte um eine Prüfung dieser Aussagen. Man selbst hat oft einen erstaunlich schlechten Blick auf sich und – wie in der Wissenschaft – eine Außenperspektive hilft dabei, ein klareres Bild zu bekommen. Vielleicht sind manche Eigenschaften, die du an dir wahrnimmst und für ein

Problem hältst, in Wahrheit gar nicht so schlimm. Vielleicht hast du in anderen Bereichen einen blinden Fleck, den du im neuen Jahr angehen möchtest. Peer review kann auch außerhalb der Wissenschaft als kleine Selbsthilfe-Übung sinnvoll sein.

5

Die Nacht zum 25. Dezember: Wintersonnenwende und Kalender

Ich habe die Rauhnächte in diesem Buch in der Nacht vom 20. auf den 21. Dezember beginnen lassen und sie enden hier mit dem Neujahrstag am 1. Januar. Nach anderen Interpretationen fangen die Rauhnächte erst mit Weihnachten an und hören am Dreikönigstag auf. Je nach Region unterscheidet sich auch die Anzahl der Rauhnächte. Manche zählen alle zwölf Nächte dazu, andere nur Weihnachten, Silvester und den Dreikönigstag. Und es gibt alle möglichen Variationen dazwischen. Ähnliche Abweichungen gibt es auch bei den Diskussionen über den »richtigen« Termin für Weihnachten. Je nachdem, wo man sich auf der Welt befindet, ist der eigentliche Festtag nicht der 24. Dezember, sondern erst der 25. Viele dieser Unterschiede haben sich traditionell entwickelt. Der 21. und der 25. Dezember sowie der Termin für Weihnachten hängen aber auch aus astronomischer Sicht eng zusammen.

Wie immer, wenn es um diese Themen geht, müssen wir zurück zu den absoluten Grundlagen. Die Rhythmen der Natur und die Einteilung der Zeit sind absolut fundamental für jede menschliche Gesellschaft. Die Beobachtungen, die man anstellen muss, um zu erkennen, wie die Abläufe am Himmel mit denen auf der Erde zusammenhängen, haben wir schon im ersten Kapitel dieses Buches kennengelernt. Im Kontext der Rauhnächte sind zwei davon von großer Bedeutung: Zum einen ist das der Unterschied zwischen den Bewegungen von Mond und Sonne, aus dem die »Tage zwischen den Jahren« resultieren. Und zum anderen ist das die Wintersonnenwende, die den Punkt im Jahresablauf bestimmt, an dem die Sonne aufhört, Tag für Tag näher an den Horizont zu rücken, und die Tage endlich wieder länger werden.

Es ist kein Wunder, dass beide Phänomene eine zentrale Rolle bei der Erstellung eines Kalenders spielen. Der frühe römische Kalender war ein reiner Mondkalender, bei dem man später in unregelmäßigen Abständen zusätzliche Schaltmonate einfügte, um ihn auch mit der Bewegung der Sonne in Einklang zu bringen. Dennoch gab es an diesem Kalender einiges zu verbessern und das hat auch Julius Cäsar erkannt. Der Feldherr und Herrscher, der um die Zeitenwende gelebt hat und heute noch allen bekannt ist, hat mehr getan, als auf Eroberungszüge zu gehen, mit Kleopatra zu flirten und sich spektakulär von seinem Ziehsohn ermorden zu lassen. Er war auch für eine Kalenderreform verantwortlich, deren Folgen noch Jahrhunderte später das Leben der Menschen prägten.

Viele Details sind historisch nicht mehr nachvollziehbar, aber vermutlich hat sich Cäsar bei einem seiner Aufenthalte in Ägypten mit den dortigen Gelehrten über Probleme mit dem alten römischen Kalender ausgetauscht und daraufhin eine Reform angestoßen. Im Gegensatz zum alten Mondkalender, der mit Schaltmonaten an den Lauf der Sonne angepasst wurde, wollte Cäsar einen Sonnenkalender entwickeln, dessen Einteilung weitestgehend ohne Rücksicht auf den Mond auskommt. Dazu musste er zuerst die »Tage zwischen den Jahren« auf die bestehenden Monate aufteilen, um den Unterschied zwischen den 354 Tagen eines Mondjahrs und den 365 Tagen eines Sonnenjahrs zu überbrücken. Dabei musste er darauf achten, nicht alles durcheinanderzubringen, keine bestehenden Festtage zu verschieben, keine unnötig langen oder kurzen Monate entstehen zu lassen und so weiter. Auch was das Ende des Jahres anging, hat er sich vermutlich an der bestehenden Terminierung orientiert.

In Ägypten fing ein neuer Monat immer mit dem Sonnenaufgang nach einem Neumond an. Und ein neues Jahr sollte nach dem ersten Neumond nach der Wintersonnenwende starten. Der neue »julianische Kalender« wurde so gestaltet, dass die Sonnenwende auf den 25. Dezember fiel. Cäsar und seinen gelehrten Zeitgenossen war auch damals schon klar, dass ein Jahr mit 365 Tagen immer noch ein wenig zu kurz ist und man deswegen alle vier Jahre einen extra Schalttag einführen muss. Also wurde auch eine entsprechende Schaltregel Teil des neuen Kalenders. Aber wie wir heute wissen, reicht es nicht, wenn wir einfach alle vier Jahre einen Schalttag einführen. Auch das ist noch nicht genau genug, man muss diese Korrektur alle 100 Jahre ausfallen lassen, damit es passt.* Außerdem wandten die römischen Priester, die für die Kalendererstellung zuständig waren, Cäsars Schaltregel auch noch falsch an, und das hatte Konsequenzen. Die Wintersonnenwende ist im Kalender langsam, aber sicher immer weiter nach vorne gerutscht, um knapp einen Tag pro 100 Jahre. Man hat den kürzesten Tag des Jahres zwar immer noch am 25. Dezember gefeiert, aus astronomischer Sicht hatte der dann aber schon längst stattgefunden. Als der Kalender dann im 16. Jahrhundert das nächste Mal grundlegend reformiert wurde (und zum »gregorianischen Kalender« wurde, den wir auch heute noch verwenden), ist es bei dieser Verschiebung geblieben. Die Wintersonnenwende findet am 21. oder 22. Dezember statt.**

Aber was hat das alles mit Weihnachten zu tun? Hier verlassen wir nun die vergleichsweise präzise Domäne von Astronomie und Kalenderrechnungen und müssen

* Und alle 400 Jahre muss man auf die Korrektur der Korrektur wieder verzichten, deswegen war zum Beispiel das Jahr 2000 ein Schaltjahr, obwohl es eigentlich keines hätte sein sollen.

** Auch unser aktueller Kalender ist nicht hundertprozentig exakt und die Sonnenwende verschiebt sich leicht. Wir korrigieren das zwar regelmäßig durch die Schalttage, es kann aber trotzdem passieren, dass die Wintersonnenwende einmalig auf den 22. Dezember rutscht, bevor das im nächsten Jahr wieder korrigiert wird.

uns der Religion zuwenden. Weihnachten ist das Fest, das im Christentum zur Geburt von Jesus Christus gefeiert wird. In der Bibel werden Zeugung und Geburt des Gottessohns zwar recht ausführlich beschrieben, exakte Zeitangaben fehlen dabei aber. Das hat die Menschen selbstverständlich nicht daran gehindert, ausführlich darüber zu spekulieren. Über den Ursprung von Weihnachten und den genauen Tag der Geburt Jesu sind in den vergangenen Jahrhunderten Regale von Büchern geschrieben worden und ich bemühe mich daher, die Sache kurz zu fassen.

Die allerersten Christinnen und Christen hat der Geburtstag des Heilands nicht wirklich interessiert; sie beschäftigten sich mehr mit seinem Tod. Der war zumindest kalendarisch halbwegs fixiert: auf den Tag vor dem jüdischen Pessachfest. Beziehungsweise den 14. Nisan im jüdischen Kalender. Die Umrechnung in den julianischen Kalender ist nicht trivial, aber man hat sich schon früh darauf geeinigt, dass es der 25. März gewesen sein muss. Dem lagen nicht unbedingt nur mathematische Argumente zugrunde, sondern auch der schöne Umstand, dass man diesen Tag auch als Zeitpunkt der Frühlings-Tagundnachtgleiche ansah. So weit also der Tod, aber was ist mit der Geburt? Darüber wusste man immer noch nichts, aber man ging in der Antike nicht selten davon aus, dass Menschen von großer religiöser Bedeutung an ihrem Geburtstag sterben. Gott mag es anscheinend nicht, wenn seine Favoriten keine glatte Zahl von Jahren alt werden. Aber egal, ob man sich diesem Glauben anschließt oder nicht, es war zumindest eine Möglichkeit, einen Zeitpunkt für Christi Geburt zu finden. Das muss dann also auch ein 25. März gewesen sein. Aber, so die Ansicht vieler Gelehrter, viel wichtiger als die tatsächliche Geburt war der Tag, an dem der Engel Gabriel der jungen Maria erklärte, dass sie soeben vom Heiligen Geist ein Kind empfangen habe. Also terminierte man diese Begebenheit auf den 25. März – und wenn Mariä Verkündigung* an diesem Tag stattgefunden hat, dann muss Jesus exakt neun Monate später, am 25. Dezember, zur Welt gekommen sein. Passend zur Wintersonnenwende, passend zum Ende der langen Nächte, passend zur jährlichen Wiederkehr des Lichts. Das klingt plausibel, zumindest aus religiöser Sicht.

Es kann aber genauso gut sein, dass man sich all das mit Mariä Verkündigung und dem Tod am Geburtstag erst im Nachhinein ausgedacht hat, um sich an die bestehenden Winter-Feste anzuhängen, die sowieso schon am 25. Dezember gefeiert wurden. Zum Beispiel den »Geburtstag der Sonne« beziehungsweise den Tag von Sol Invictus, der »unbesiegten Sonne«, wie die göttliche Erscheinungsform des hellen Himmelskörpers in Rom genannt wurde. Von den Saturnalien Ende Dezember war

* So heißt dieses Fest offiziell und darf nicht mit Mariä Empfängnis verwechselt werden, bei der am 8. Dezember die angeblich unbefleckte Empfängnis von Maria gefeiert wird.

ja schon im letzten Kapitel die Rede und es gab noch diverse andere große und kleine Feierlichkeiten angesichts der Wintersonnenwende. Da liegt es nahe, dass sich das Christentum ebenfalls daran orientiert. Wenn man die Menschen bekehren will, sollte man ihnen tunlichst keine Feste wegnehmen, an die sie sich schon gewöhnt haben; viel besser ist es doch, sie können einfach weiterfeiern, wenn auch jetzt eben, um einen anderen Gott zu ehren.

Aber nur, weil etwas naheliegt, muss es noch lange nicht stimmen. Es gibt keinen belastbaren historischen Beleg dafür, dass das Christentum die Geburt Jesu absichtlich auf den 25. Dezember gelegt hat, um bei der Missionierung der Heiden leichteres Spiel zu haben. Es ist nicht einmal ausreichend sicher belegt, dass der »Geburtstag der Sonne« in Rom als große Angelegenheit gefeiert wurde. Und wenn wir es ganz genau nehmen, dann gibt es nicht einmal seriöse wissenschaftliche Quellen, die die Existenz von Jesus Christus belegen.

Bleiben wir also lieber bei der Astronomie. Sie sagt uns ohne jeden Zweifel, wann die Tage im Winter aufhören, länger zu werden, und wann die Sonne zurückkehrt. Sie sagt uns, wie wir unseren Kalender gestalten und unsere Tage zählen müssen; und je nachdem, wie schlau wir uns dabei anstellen, findet die Wintersonnenwende eben am 25. oder 21. Dezember statt. Wann wir feiern oder auch was wir feiern, bleibt uns Menschen überlassen. Wir können uns über die Geburt unseres

Gottes freuen, darüber, dass das Licht endlich wiederkommt, oder auch einfach nur so ein großes Festessen mit Freunden und Familie veranstalten. Aber wenn es eine Zeit gibt, in der es sich lohnt, gemeinsam zu feiern, dann sind es vielleicht die kalten, dunklen und ab und zu auch mal verwirrenden Tage am Ende des Jahres.

Ritual für die fünfte Nacht: Die Nacht des Wartens

Weihnachten ist, zumindest für Kinder, mit jeder Menge nervenaufreibender Wartezeit verbunden (und wer nicht Weihnachten feiert, kennt die Warterei vermutlich von anderen großen Festtagen). Bis man endlich die Geschenke in der Hand hält, vergeht unverständlich viel Zeit, zumindest aus Kindersicht, die Erwachsenen haben meist Stress, um alles rechtzeitig fertigzubekommen. Warten ist nicht immer angenehm. Aber Warten ist ein wichtiger Aspekt in der Wissenschaft. Wissenschaft braucht Geduld. Nicht immer kann man eine Hypothese sofort überprüfen. Manchmal braucht es Zeit, bis die nötige Technik entwickelt worden ist. Manchmal muss man sehr lange Daten sammeln, bis sich eine Frage beantworten lässt.

Der schottische Physiker Peter Higgs hat im Jahr 1964 die Existenz eines noch unbekannten Elementarteilchens vorhergesagt und musste 48 Jahre lang warten, bis das

»Higgs-Teilchen« dann im Jahr 2012 auch tatsächlich entdeckt wurde. Um die Planeten anderer Sterne aufspüren zu können, muss man oft jahrelang Beobachtungsdaten anhäufen, bis man sich sicher sein kann, etwas gefunden zu haben. Oder, um ein dramatisches Beispiel zu bringen: Wenn man die Bahn eines neu entdeckten Asteroiden berechnet, kann es zunächst so aussehen, als würde er mit der Erde kollidieren; erst genauere Daten zeigen dann, ob man sich wirklich Sorgen machen muss oder nicht. Wer sofort Ergebnisse erwartet, kann in der Wissenschaft auf den Holzweg gelockt werden. Es braucht Geduld – und das kannst du als wissenschaftliches »Ritual« nutzen.*

Nimm dir dein Notizbuch und notiere dir eine offene Frage, auf die du noch keine Antwort hast. Vielleicht bist du gerade frisch in einer Beziehung und bist dir unsicher, ob es auch funktionieren wird? Oder du machst dir Sorgen, weil du nicht weißt, ob ein wichtiges Projekt, an dem du arbeitest, auch erfolgreich sein wird?

Was auch immer es ist: Versuche, nicht sofort eine Antwort zu finden, und lass dich nicht zu früh zu Schlussfolgerungen drängen. Es ist vielleicht verlockend, schnell eine Entscheidung zu treffen, die vermeintliche Sicher-

* *Das war zum Beispiel beim Asteroid 2024 YR4 der Fall. Die wenigen Beobachtungsdaten nach seiner Entdeckung im Dezember 2024 zeigten eine geringe Wahrscheinlichkeit für eine Kollision mit der Erde. Nachdem man mehr Daten gesammelt hatte, konnte man im März 2025 aber Entwarnung geben.*

heit verspricht. Warte stattdessen ab und beobachte das Phänomen, um das es geht, einfach eine Zeit lang. Nimm dir 30 Tage Zeit oder vielleicht sogar noch länger (oder kürzer, je nachdem). Und wenn der vorher festgelegte Zeitraum abgelaufen ist, wirf einen neuen Blick auf die Frage. Achte darauf, ob sich das Problem im Laufe der Zeit vielleicht verändert hat und du eine andere Antwort suchen musst, als du ursprünglich gedacht hast. Wenn man ein Problem überstürzt angeht, führt das selten zu einer vernünftigen Lösung. Das gilt in der Wissenschaft ebenso wie im restlichen Leben.

6

Die Nacht zum 26. Dezember: Die Wilde Jagd und der Winterhimmel

Viele der zeitgenössischen Bücher über die Rauhnächte sind vor allem Ratgeber, die erklären, wie man die Zeit zwischen den Jahren nutzen kann, um sich selbst zu verändern und persönliche Probleme aller Art zu lösen. Es geht darin um Meditationsrituale zur Selbsterkenntnis; es werden inspirierende Geschichten erzählt, Anleitungen zum Räuchern der Wohnung präsentiert oder Orakelsprüche, mit denen man in die Zukunft schauen kann. Mit Rauch und der Vorhersage der Zukunft werden wir uns in den kommenden Kapiteln noch beschäftigen; in diesem Teil des Buchs möchte ich aber auf ein Thema eingehen, das in der modernen Beschäftigung mit den Rauhnächten meist nur am Rande erwähnt wird. Die Winternächte rund um Weihnachten und den Jahreswechsel sind erst in der Gegenwart zu einem Anlass für Selbstoptimierung geworden. Sie waren aber immer schon eine Zeit für eine Vielzahl an traditionellen Veranstaltungen – und vor allem die Tage im Jahr, an denen jede Menge Sagengestalten ihr Unwesen treiben.

Dazu gehört insbesondere auch die Wilde Jagd, die in den Rauhnächten durch die Lüfte reitet. Der Ursprung dieser in weiten Teilen Europas verbreiteten Volkssage ist umstritten, aber auch hier spielt die Astronomie eine Rolle. Was genau man unter der »Wilden Jagd« versteht, ist von Region zu Region verschieden. Aber im Allgemeinen handelt es sich dabei um eine Erscheinung verstorbener Menschen und dämonischer Wesen, die über den Himmel ziehen.

Sie tun das mit jeder Menge Lärm, Geschrei und Trubel und man sollte sich ihnen tunlichst nicht in den Weg stellen. Nicht unbedingt, weil die Wilde Jagd den Menschen Böses will. Aber sie nimmt bei ihrer Arbeit auch keine große Rücksicht auf uns. Einerseits steht sie als Omen für kommendes Unheil am Himmel, andererseits soll sie aber auch Ordnung schaffen: Die himmlischen Jägerinnen und Jäger sammeln die Seelen der Menschen ein, die vor ihrer Zeit gestorben, also gewaltsam oder durch Unfälle zu Tode gekommen sind; nach anderen Überlieferungen sind es die Seelen der unschuldigen und vor allem ungetauften Kinder, die mitgenommen werden. Auch das spiegelt das Grundmotiv der Rauhnächte wider – das Schaffen von Ordnung im alten Jahr, bevor es im neuen Jahr weitergehen kann. Wer jedoch keine unschuldige Seele ist und der Wilden Jagd in die Quere kommt, hat Pech gehabt und wird trotzdem mitgenommen. Also bleibt man besser zu Hause, wenn man die Jägerinnen und Jäger in den Winternächten über den Himmel stürmen und brausen hört, und es schadet auch nicht, ein bisschen zu den Göttern zu beten.

Wie genau die vielen Geschichten über die Wilde Jagd entstanden sind, ist im Detail nicht völlig geklärt. Aber sie sind das Ergebnis jahrhundertealter Überlieferungen, die sich an die Bedürfnisse und Vorstellungen der jeweiligen Zeit angepasst haben. Die Jagd hat in vielen Kulturen schon immer eine wichtige Rolle gespielt, sodass es kein Wunder ist, dass sie sich auch in den entsprechenden Mythen und Götterwelten niederschlägt. Jägerinnen und Jägern hat man, besonders wenn sie erfolgreich waren, im Volksglauben gerne besondere Kräfte zugeschrieben, die sie (natürlich) durch einen Pakt mit dem Teufel erworben haben.* Und wenn sie diese an bestimmten, verbotenen Tagen (zum Beispiel Weihnachten oder Ostern) einsetzen, werden sie Teil der Wilden Jagd. In vielen Kulturen finden sich Geschichten über göttliche Jäger oder über Tote, die in der anderen Welt Teil von Jagdgesellschaften oder Heeren werden – zum Beispiel die Einherjer der nordischen Mythologie, die nach ihrem Tod in der Schlacht von den Walküren nach Walhalla gebracht werden, um sich dort dem Heer von Odin anzuschließen. Es ist jedoch auch abseits aller mythologischer Überlieferungen völlig nachvollziehbar, dass die Menschen die Winternächte in früheren Zeiten

* Geschichten über solche »Freischütze«, die durch magische Rituale die Fähigkeit erlangt haben, jedes Ziel zu treffen, findet man in vielen Sagen und auch in Gerichtsakten von Hexenprozessen. Die berühmteste Interpretation dieses Themas bildet die Handlung der Oper »Der Freischütz« von Carl Maria von Weber.

lieber zu Hause verbracht haben. Denn nicht nur die Wilde Jagd tobt dann über den Himmel, sondern auch gefährliche Winterstürme.

Stürmisch kann es zwar auch im Sommer werden, aber im Winter ist das Auftreten von Stürmen wahrscheinlicher. Der Grund dafür sind die »Jetstreams«, Regionen in der oberen Atmosphäre der Erde, wo der Wind so enorm schnell weht, dass es vermutlich selbst der Wilden Jagd ein wenig schwummrig würde. In mehr als zehn Kilometern Höhe können Windgeschwindigkeiten von über 500 Kilometern pro Stunde auftreten. Dort oben stehen ja auch keine Berge mehr im Weg, die die Luft abbremsen könnten. Wie alles, was mit dem Wetter zu tun hat, ist auch der Ursprung dieser Jetstreams komplex, aber im Wesentlichen entstehen sie durch großräumige Temperaturunterschiede. Rund um den Äquator der Erde ist es warm und an den Polen ist es kalt. Warme Luft dehnt sich aus und ist damit weniger dicht als kalte Luft. Dieser Unterschied im Luftdruck führt zu Strömungen in alle Himmelsrichtungen, sogar nach oben und unten, und die Drehung der Erde macht daraus weit vom Erdboden entfernt Windbänder, die sich um den gesamten Planeten winden. In Wahrheit ist das natürlich alles ein wenig komplizierter und es gibt auch mehr als nur einen Jetstream. Aber so in etwa entstehen die schnellsten Winde auf dem Planeten.

Die Jetstreams sind auch dafür verantwortlich, wo sich Hoch- und Tiefdruckgebiete und damit Sturmsysteme ausbilden können. Obwohl er hoch über der Erdoberfläche stattfindet, reißt so ein Jetstream auch die weiter unten liegenden Luftschichten mit sich mit, kann sie verwirbeln und so für Stürme sorgen. Der »Polarfront-Jetstream« verläuft über der Arktis und Nordeuropa, kann sich aber auch weiter nach Süden und über Mitteleuropa schlängeln. Wo er genau verläuft, hängt von vielen Details ab, aber einer der wichtigsten Faktoren ist der Temperaturunterschied zwischen der Polarzone und den gemäßigten Breiten. Das ist auch die Ursache, warum es im Winter tendenziell mehr Stürme gibt als im Sommer. In der Arktis ist es zwar immer kälter als im Süden, aber der Unterschied ist im Winter größer als im Sommer. Das macht den Jetstream im Winter stärker und verschiebt ihn nach Süden, sodass er bei uns mehr Stürme auslösen kann.

Es ist nachvollziehbar, dass die Menschen in den kalten Winternächten lieber zu Hause sitzen, vielleicht ein wenig angstvoll dem stürmischen Brausen vor der Tür lauschen und sich dabei Geschichten über die Wilde Jagd erzählen, die schon wieder durch die Nacht rauscht und alle mitnimmt, die unvorsichtig genug sind, das Haus zu verlassen. Und wenn der Sturm dann nachgelassen hat und man in einer klaren, dunklen Nacht die Sterne betrachtet, kann man auch dort den einen oder anderen Jäger sehen. Zum Beispiel Orion, eines der beeindruckendsten Sternbilder am Winterhimmel. Ab Mitte Dezember, wenn die Rauhnächte starten, ist es besonders gut zu sehen.

Um Mitternacht steht der Orion hoch am Himmel und im Gegensatz zu vielen anderen Sternbildern braucht man bei ihm gar nicht mal so viel Fantasie, um zu erkennen, was es darstellen soll: einen großen Jäger, der in einer Hand einen Bogen oder eine Keule hält. Der Mythos rund um den himmlischen Jäger ist, wie so oft in den antiken Geschichten, recht grausam. Orion, der übrigens nicht auf die übliche Weise zur Welt kam, sondern von den drei männlichen Göttern Poseidon, Zeus und Ares (oder Hermes) gezeugt wurde, die dafür auf eine Stierhaut uriniert haben, war ein begeisterter Jäger. Sein Ziel war es, alle wilden Tiere der Welt zu töten, was Gaia, die Göttin der Erde, nicht so toll fand. Sie erschuf einen Skorpion, der ihn umbringen sollte. Nach dem tödlichen Stich wurden Orion und der Skorpion als Sterne an den Himmel versetzt, wo man sie noch heute sehen kann. Zum Glück für Orion sind sie allerdings weit voneinander entfernt; der eine ist nur im Winter am Himmel zu sehen, der andere im Sommer.*

Orion war aber nicht nur das Sinnbild des ehemals großen Jägers. Wenn es nach den Gelehrten der Antike ging, dann hat er immer noch Einfluss auf die Welt. Damals dachte man, dass die Sterne nicht einfach nur Lichter am Himmel (oder an den Himmel versetzte mytho-

* Die anderen Sagen über Orion, die mit Vergewaltigungen und Muttermord zu tun haben, spare ich mir an dieser Stelle. Man kann sie aber in allen Werken über griechische Mythologie nachlesen.

logische Gestalten) sind, sondern auch unser Wetter beeinflussen können. Je nachdem, wann welche Sternbilder zu sehen sind, haben wir mehr oder weniger Stürme und Unwetter zu befürchten. Aratos von Soloi hat im 3. Jahrhundert v. Chr. sein Lehrgedicht »Phainomena« (was so viel wie »Himmelserscheinungen« heißt) geschrieben und darin einerseits Geschichten über die Entstehung der Sternbilder erzählt, andererseits aber auch von »Wetterzeichen« berichtet, die seiner Meinung nach mit diesen Sternbildern in Verbindung stehen. Im 1. Jahrhundert hat auch der römische Gelehrte Plinius der Ältere von »haec ab horridis sideribus exeunt« geschrieben, also – frei übersetzt – von den »Erscheinungen, die von den Unheil bringenden Sternen ausgehen«. Eine solche Erscheinung waren Stürme und eines der Sternbilder, dessen Erscheinen solche Stürme ankündigt, ist der Orion.

Es wäre verlockend, daraus eine Kette an Überlieferungen abzuleiten, die von der guten Sichtbarkeit des Orion im Winter und dem vermehrten Auftreten von Stürmen zur gleichen Zeit direkt zum Mythos der »Wilden Jagd« führt. Aber dafür gibt es keine historischen Belege. Ebenso wenig gibt es eine nachweisbare Verbindung zwischen der Wilden Jagd und dem antiken Jäger Orion. Die Welt ist, wie immer, viel komplexer, als wir sie uns am liebsten vorstellen. Was aber ein unbestreitbarer Fakt sein dürfte, ist, dass die Menschen schon immer Angst vor Unwettern hatten. In der Vergangenheit suchten sie am Himmel nach Vorzeichen und erzählten sich Geschichten über göttliche Jagdgesellschaften. Das Konzept der Wilden Jagd geht nicht auf eine einzelne, festgeschriebene Erzählung zurück, sondern ist das Ergebnis unterschiedlichster Geschichten aus ganz Europa. Man hat zwar probiert, sie in einen einheitlichen mythologischen Rahmen zu pressen – wie zum Beispiel Jacob Grimm in seiner »Deutschen Mythologie« im 19. Jahrhundert –, aber das sind nachträgliche Interpretationen, die aus heutiger historischer Sicht nicht haltbar sind.

Es gibt allerdings keinen Zweifel daran, dass man Orion und die restlichen Sterne im Winter besonders gut beobachten kann. Ein Grund dafür ist offensichtlich: Die Nächte sind länger als im Sommer. Im Winter kann man die ersten Sterne schon am Nachmittag oder am frühen Abend sehen; die langen, dunklen Nächte eignen sich wunderbar für astronomische Betätigungen. Die kalten Nächte sind klarer oder, wie man in der Astronomie sagt: Das »Seeing« ist besser.

Wenn wir die Sterne betrachten, sehen wir, dass sie nicht nur leuchten, sondern funkeln. Dieses Flackern entsteht durch die Atmosphäre der Erde. Wenn das Sternenlicht auf die Lufthülle unseres Planeten trifft, wird es darin leicht abgelenkt. Der Lichtstrahl ändert die Richtung – und weil die Luft dynamisch ist, tut er das sehr oft. Anstatt eines ruhig strahlenden Lichtpunktes sehen wir das Sternenlicht flackern, je nachdem, wie ausgeprägt der Effekt des Seeings ist: Je unruhiger die Luft, desto mehr Seeing. Die Luftunruhe wird vor allem durch Temperaturunterschiede verursacht. Wenn der Boden warm ist und die darüber liegenden Luftschichten kühl sind, dann steigt die warme Luft auf, die kalte sinkt nach unten und die Verwirbelung erzeugt flackernde Sterne. Wenn der Temperaturunterschied zwischen Boden und Luft gering ist, so wie im Winter, dann können wir den Himmel sehr viel klarer beobachten. Dass das Flackern vor allem bei Sternen zu sehen ist, die Planeten aber fast immer ruhig leuchten, liegt übrigens daran, dass Letztere uns sehr viel näher sind. Bei den Planeten erreicht uns quasi ein Lichtbündel. Dieses Bündel wird zwar ebenfalls durch die Luftunruhe abgelenkt. Die Ablenkung geschieht aber zufällig. Ein Teil des Lichts vom Planeten wird in die eine Richtung gestreut, ein Teil in eine andere Richtung und am Ende gleicht sich alles weitestgehend aus, sodass wir ein ruhiges Bild sehen.

Es macht zwar mehr Spaß, sich in einer lauen Sommernacht draußen aufzuhalten. Wenn man die Sterne in Ruhe beobachten will, sollte man es aber lieber in den langen und kalten Nächten des Winters probieren. Vorausgesetzt natürlich, dass man nicht gerade eine Nacht erwischt, in der ein Wintersturm durch die Lande fegt. Dann sollte man wahrscheinlich lieber Schutz suchen, um nicht vielleicht doch noch von der Wilden Jagd erwischt zu werden.

Ritual für die sechste Nacht: Die Nacht des Staunens

Es ist kein Wunder, dass die Menschen sich so viele Geschichten über den Himmel ausgedacht haben. Heute sind wir es oft gar nicht mehr gewohnt, im Alltag Sterne zu betrachten. Wenn es dunkel wird, schalten wir das Licht ein. Nicht nur zu Hause, sondern überall. Städte und Straßen sind die ganze Nacht über hell erleuchtet und dieses Licht überstrahlt die Sterne und die natürliche Dunkelheit der Nacht. In den Ballungsräumen der Zivilisation können wir vielleicht noch ein paar Dutzend der hellsten Sterne erkennen, aber auch auf dem Land ist in Mitteleuropa nirgendwo mehr ein echter, vollkommen dunkler Himmel zu sehen. Vor der Industrialisierung und der Elektrifizierung der Welt war das anders. Jede Nacht war finster, und wenn keine Wolken den Blick verdeckten, war die volle Pracht des Sternenhimmels für alle Menschen sichtbar. Wer so etwas schon einmal erlebt hat – vielleicht in der Wüste oder mitten auf dem Ozean –, wird die Ehrfurcht nachvollziehen können, die die Menschen früher angesichts dieses Anblick ergriffen haben muss. Natürlich haben sie ihre Götter in dieser von strahlenden Lichtpunkten übersäten Welt angesiedelt; natürlich war das der Ort, wo die Helden und Sagengestalten lebten.

Es gibt keine Kultur auf der Welt, die den Sternenhimmel ignoriert hat. In jeder Zivilisation haben Menschen sich Geschichten darüber erzählt und nach Erklärungen gesucht, wie dieser Lichterzauber entstanden sein mag. Dasselbe gilt für die sehr viel gefährlichere irdische Welt. Wenn Stürme die Ernte bedrohen, wenn Unwetter Angst und Schrecken verbreiten oder Dürre und Überschwemmungen Katastrophen auslösen, dann ist es nachvollziehbar, das als Strafe der Götter zu betrachten oder dem Einfluss von bösen Geistern und Dämonen zuzuschreiben, wenn man sonst keinen Erklärungsansatz für das Erlebte zur Verfügung hat. Die Alternative wäre, zu akzeptieren, dass so etwas »einfach passiert«, ohne tieferen Grund, und das fällt uns schwer. Die Ehrfurcht vor der Natur, das Staunen über das Schöne und Schreckliche in der Welt war immer Ausgangspunkt für Mythen und Religion als Kulturtechniken, die Ordnung in eine sonst nur schwer zu begreifende Welt bringen. Einen anderen (und besseren) Weg eröffnet die Wissenschaft, die in den letzten Jahrhunderten viel von dem erklärt hat, wofür man früher Götter und Geister ins Feld geführt hat. Der Ausgangspunkt ist in beiden Fällen aber das Staunen. Ehrfurcht braucht keine Mystik – und genau das kannst du als wissenschaftliches »Ritual« nutzen, um einen neuen Blick auf die Welt zu gewinnen.

Such dir etwas, das du beeindruckend findest. Vielleicht eines der vielen tollen Bilder, die die Weltraumteleskope der Astronomie in den letzten Jahren aufgenommen haben. Die fortschrittlichen Instrumente können mittlerweile weit ins Universum hinausblicken. Sie zeigen uns ferne Galaxien, die kurz nach dem Urknall entstanden sind und deren Licht Milliarden von Jahren bis zu uns gebraucht hat. Sie zeigen uns aber auch die bunten, komplexen Strukturen der kosmischen Nebel, aus denen neue Sterne entstehen können. All diese Bilder sind schön, selbst wenn man nicht weiß, was darauf zu sehen ist.

Betrachte ein solches Bild und ignoriere vorerst alle Beschreibungen und Erklärungen, die dazu existieren. Achte einfach nur darauf, was dir bei diesem Anblick durch den Kopf geht. Viele Menschen können sich nicht vorstellen, dass ein derart komplexes Universum wie unseres »einfach so« entsteht, ohne göttlichen Schöpfungsakt. Viele entwickeln auch ein Gefühl, das »Cosmic Vertigo« genannt wird, eine Art existenzieller Schwindel angesichts der Größe des Universums und der eigenen Kleinheit. Auf andere wirkt der Anblick des Nachthimmels und des Universums wiederum beruhigend und inspirierend – diese positive emotionale Verbindung wird in der Psychologie mit dem Begriff »Noctcaelador« bezeichnet.*

Was auch immer es ist, das dir durch den Kopf geht: Denke darüber nach und schreibe es in dein Notizbuch. Du musst nicht sofort verstehen, wie das Universum funktioniert oder was du beim Blick in den Himmel siehst. Aber du kannst – auf welche Weise auch immer – davon

* *Ein Kunstwort das aus den lateinischen Worten »nocturnus« für Nacht, »caelum« für Himmel und »ador« für Bewunderung zusammengesetzt ist.*

beeindruckt sein und das reine Staunen angesichts des Kosmos zulassen. Denke später darüber nach, welche Fragen dieses Staunen in dir aufgeworfen hat – und ob du damit zufrieden bist, unter Umständen keine Antworten darauf zu finden, oder ob du mehr wissen möchtest. Am Ende wirst du auf jeden Fall das Gefühl erlebt haben, das auch Wissenschaftlerinnen und Wissenschaftler bei ihrer Arbeit antreibt: das Staunen über die Welt.

7

Die Nacht zum 27. Dezember: Mondmythen

Die enge Verbindung zwischen dem Mond und den Rauhnächten hat sich in den vergangenen Kapiteln mehr als deutlich gezeigt. Sie geht aber mittlerweile weit über den rein kalendarischen Zusammenhang und den Unterschied zwischen Mond- und Sonnenjahr hinaus. Die moderne Interpretation der Rauhnächte schließt diverse esoterische Konzepte mit ein, darunter auch die, die einen potenziellen Einfluss des Mondes auf uns Menschen betreffen. Ein Vollmond, der während einer Rauhnacht auftritt, soll etwa einen zusätzlichen Sog in die Zeit zwischen den Jahren bringen. Der Mond könne in einer Rauhnacht »besonders kraftvoll« wirken und Emotionen und Träume besonders klar hervortreten lassen. Der Mond »spiegelt unsere innere Bewegung zwischen Loslassen und Neubeginn«.* Aber worum geht es in diesen Aussagen aus diversen zeitgenössischen Texten über die Rauhnächte genau? Und welchen Einfluss hat der Mond tatsächlich auf uns Menschen?

* So zu lesen auf der Seite https://magische-rauhnaechte.com – sinngemäß aber auch in unzähligen anderen Werken über den angeblichen Einfluss des Mondes auf unser Leben.

Zuerst einmal können wir festhalten, dass der Mond definitiv einen Einfluss hat. Sein variables Licht steuert das Verhalten vieler Tiere und Pflanzen, die ihren Biorhythmus an die unterschiedlichen Lichtbedingungen angepasst haben. Die Gezeitenkraft des Mondes verursacht auf der Erde Ebbe und Flut, ein Phänomen, das man definitiv nicht ignorieren kann. Warum sollten also nicht auch wir Menschen auf die eine oder andere Art vom Mond beeinflusst werden? Schließlich sind auch wir nur Tiere – warum sollte uns das nicht betreffen?

In vielen Fällen ist die Antwort klar: Ja, wir sind Tiere, aber wir leben zum Beispiel nicht ausschließlich im Wattenmeer und müssen unseren Paarungszyklus auch nicht auf den Stand der Gezeiten abstimmen. Im Gegensatz zu anderen Tieren sind wir auch nicht auf den hellen Vollmond angewiesen, wenn wir in der Nacht unterwegs sein wollen. Aber diese Art des Einflusses ist in den meisten einschlägigen Büchern auch gar nicht gemeint, wenn es um den Mond und die Menschen geht. Da ist dieser Tage meist die Rede von anderen Dingen, etwa, dass man während bestimmter Mondphasen leichter abnehmen kann oder dass es sich lohnt, beim Haareschneiden darauf zu achten, ob der Mond gerade zunimmt oder nicht. Die Mondphase soll Einfluss auf die Gartenarbeit haben, es soll »gute« oder »schlechte« Tage für bestimmte Tätigkeiten im Haushalt oder gesundheitliche Entscheidungen geben. Die diversen »Mondkalender«, die oft auch direkt in die modernen Ausführungen über die Rauhnächte inkludiert sind, gehen von einem erstaunlich weitreichenden Einfluss unseres Nachbarn im All aus.

Es wäre überraschend, wenn diese Behauptungen über die Bedeutung der Mondphase tatsächlich zutreffen. Der Mond selbst verändert sich ja nicht im Laufe eines seiner Zyklen. Es handelt sich die ganze Zeit über um dieselbe Kugel aus Gestein und Metall, mit einem Durchmesser von 3475 Kilometern, die in einem Abstand von rund 384 000 Kilometern um die Erde kreist (diese Distanz ändert sich tatsächlich im Laufe der Zeit ein wenig, aber dazu später mehr). Es ist auch immer eine Hälfte des Mondes von der Sonne beleuchtet und auf der anderen ist es dunkel, so wie es auch bei der Erde der Fall ist. Aber durch die unterschiedlichen Positionen von Sonne, Mond und Erde ändert sich im Laufe eines Monats unser Blickwinkel auf die beleuchtete Hälfte des Mondes. Mal sehen wir sie komplett, dann haben wir Vollmond. Wenn wir sie gar nicht sehen, dann ist Neumond, und dazwischen finden die unterschiedlichen Phasen des zu- und abnehmenden Mondes statt. Das Licht des Mondes mag uns in der Nacht auch ganz anders erscheinen als das Sonnenlicht, das untertags die Erde erhellt. Aber natürlich leuchtet der Mond nicht aus eigener Kraft. Er reflektiert das Licht der Sonne. Das magische Mondlicht ist ganz normales Sonnenlicht – nur eben indirekt und weniger davon. Wenn man dem Licht des Mondes irgendwelche außergewöhnlichen Eigenschaften zuschreiben möchte, dann müssten die folglich auch im normalen Licht der Sonne zu finden sein.

Es gibt übrigens tatsächlich einen Weg, auf dem uns das Mondlicht beeinflussen kann. Aber schauen wir uns zuerst noch die Sache mit den Gezeiten an. Wenn man bedenkt, welche gewaltigen Wassermassen Tag für Tag durch den Einfluss des Mondes bewegt werden, und sich dann vor Augen führt, dass wir Menschen ja auch zu einem großen Teil aus Wasser bestehen, dann muss es doch auch irgendwelche Auswirkungen auf uns geben, oder nicht? Eines gleich vorweg: Die Gezeiten sind kompliziert! Die üblichen populärwissenschaftlichen Erklärungen, die man dazu finden kann, sind sehr oft so stark vereinfacht, dass sie einen schlechten oder gar falschen Eindruck des Phänomens liefern. Ich will hier auch gar nicht erst versuchen, ein umfassendes, korrektes und verständliches Bild zu entwerfen – dazu bräuchte es vermutlich ein ganzes Buch. Stattdessen beschränken wir uns auf ein zentrales Element: Bei den Gezeiten geht es nicht um die Anziehungskraft des Mondes an sich, sondern um die unterschiedlich starke Gravitationskraft, die er an unterschiedlichen Orten ausübt.

Wie stark die Schwerkraft des Mondes wirkt, hängt vom Abstand zum Mond ab. Stünde der Mond jetzt zum Beispiel genau über uns, dann wäre unser Kopf ihm näher als unsere Füße. Der Kopf würde also auch eine stärkere Anziehungskraft spüren. Das ist die Gezeitenkraft, die auf uns Menschen wirkt, und man kann ausrechnen, wie groß sie ist und welche Auswirkungen das hat. Diese Auswirkungen sind allerdings so gering, dass es schwerfällt, einen passenden Vergleich zu finden. Wichtig zu bedenken ist auf jeden Fall, dass die Stärke der Anziehungskraft nicht nur vom Abstand abhängt, sondern auch von der Masse des Objekts, das angezogen wird. Wenn sich unsere Masse verändert, werden wir dadurch auch vom Mond stärker oder schwächer angezogen. Man kann ausrechnen, wie groß der Unterschied in der für uns (theoretisch) spürbaren Schwerkraft ist, wenn wir ein Haar von unserem Kopf verlieren. Das Resultat: Dieser Effekt ist viel, viel größer als die Gezeitenkraft, die auf den Körper wirkt.

Hinzu kommt, dass wir keine mit Wasser gefüllten Säcke sind, sondern aus vielen Zellen bestehen, die das Wasser in unserem Körper binden. Genau genommen müssten wir also berechnen, wie stark die Anziehungskraft des Mondes an unterschiedlichen Enden einer einzigen Körperzelle ist. Das kann man zwar tun, aber man wird recht schnell merken, dass das wirklich keine Rolle spielt. Es gibt so viele andere Effekte, die auf uns wirken, dass der Mond hier keinen relevanten Einfluss haben kann.

Dass die Gezeiten auch mit der Größe zu tun haben, merkt man aber auch ganz ohne mathematische Berechnung. Denn wer hätte zum Beispiel schon mal Ebbe und Flut in der Badewanne oder einem Bierglas beobachtet? Damit die Gezeiten zu einem relevanten Phänomen werden können, braucht es ausgedehnte Bereiche voller Wasser, wie eben einen Ozean.

Die Gravitationskraft des Mondes betrifft uns Menschen also nicht – oder höchstens indirekt, wenn wir beim Urlaub am Meer nicht auf den Tidenkalender achten und von der Flut überrascht werden. Sein Licht kann uns aber, wie ich oben angedeutet habe, durchaus beeinflussen. Denn eine Vollmondnacht ist unbestreitbar sehr hell. Das Licht reicht aus, um sich auch ohne künstliche Lichtquelle problemlos orientieren zu können. So ein helles nächtliches Licht kann aber auch störend sein. Wer das Pech hat, dass der Vollmond durch das Schlafzimmerfenster direkt auf das Bett scheint, kann in solchen Nächten schlechter schlafen (auch wenn die meisten von uns dann einfach die Vorhänge zuziehen und andererseits auch Straßenlaternen in mondlosen Nächten unnötig viel Licht in unsere Häuser werfen). Auch Tiere nutzen das nächtliche Licht und sind unter Umständen aktiver als sonst. Wer in einer Vollmondnacht auf dem Land mit dem Auto unterwegs ist, hat durchaus ein höheres Risiko, einen Unfall durch Wildwechsel zu verursachen. Das ist vermutlich auch der Grund, warum manche Statistiken zu Unfallhäufigkeiten tatsächlich einen schwachen Zusammenhang mit der Mondphase zeigen. Nicht, weil wir Menschen dadurch irgendwie negativ beeinflusst würden, sondern, weil sich die äußeren Umstände verändert haben, unter denen wir nachts unterwegs sind. Andere Statistiken, die zum Beispiel die Häufigkeit von Geburten oder die Einlieferungen in die Notaufnahme mit den Mondphasen abgleichen, zeigen übrigens keinen statistisch relevanten Zusammenhang.

Seit Jahrtausenden beschäftigen sich die Menschen mit dem Mond und haben aus seiner Bewegung und seinem Erscheinungsbild zahllose mystische Zusammenhänge abgeleitet. Was in modernen Mondkalendern als »altes Bauernwissen« verkauft wird, ist jedoch nur vergleichsweise alt und entspricht nur bedingt dem traditionellen Wissen aus der Landwirtschaft. In der Antike und im Mittelalter gab es einiges an Aberglauben rund um den Mond, zum Beispiel die Vorstellung, dass man einen Aderlass nur bei abnehmendem Mond durchführen sollte. Aber das war Wissen für eine elitäre Bevölkerungsschicht und es verschwand in der Aufklärung der frühen Neuzeit zu weiten Teilen. Erst im 19. Jahrhundert wurde all das durch die damals aufkommenden esoterischen Bewegungen wieder aufgegriffen und als traditionelles »Wissen der Bauern« neu verpackt. Der Mond ist ein faszinierender Himmelskörper. Aber sein Einfluss auf uns ist weit weniger mystisch, als wir es uns vielleicht wünschen würden. Wer zum Beispiel »Mondholz« kauft, also Holz von Bäumen, die zu bestimmten Mondphasen gefällt wurden, erwartet sich davon eine bessere Qualität. Die wird man vermutlich sogar bekommen, was aber eher daran liegt, dass diese Art von Holz selten in Massenproduktion hergestellt wird, sondern meist in Handarbeit.

Wenn der normale Mond also keinen magischen Einfluss auf uns hat, wie sieht es dann mit dem »Supermond« aus? Davon war in den letzten Jahren auch in seriösen Medien immer wieder zu lesen. Gemeint ist damit ein Vollmond, der stattfindet, während der Mond der Erde besonders nahe ist. Ich habe oben erwähnt, dass der Mond im Durchschnitt rund 384 000 Kilometer von der Erde entfernt ist. Tatsächlich ist die Bahn, auf der sich unser Satellit rund um die Erde bewegt, kein exakter Kreis. Die Distanz zu uns schwankt zwischen 363 300 und 405 500 Kilometern. Wenn der Mond bei seiner Bewegung in der Nähe des erdnächsten Punkts seiner Umlaufbahn angelangt ist und zu diesem Zeitpunkt gerade Vollmond herrscht, spricht man von einem Supermond.

»In der Nähe« klingt nun wissenschaftlich nicht gerade exakt und tatsächlich stammt die Idee des Supermonds auch nicht aus der Astronomie. Sie ist für das Jahr 1979 zum ersten Mal belegt, als Richard Nolle in einem Zeitungsartikel darüber schrieb. Nolle war kein Wissenschaftler, sondern Astrologe und behauptete, dass ein Supermond Unwetter, Stürme, Erdbeben oder Vulkanausbrüche auslösen könne.* Für diese Art von

* Laut Nolles Definition war auch ein Neumond in Erdnähe ein Supermond und der Mond musste auch nicht direkt im erdnächsten Punkt stehen, sondern nur 90 Prozent der maximalen Annäherung erreicht haben.

Einfluss gibt es zwar keine seriösen Belege, aber die Sache mit dem Supermond hat sich im Laufe der Zeit verselbstständigt. Jedes Mal, wenn der Vollmond in Erdnähe stattfindet, ist überall zu lesen, dass man es mit einem seltenen und beeindruckenden Himmelsschauspiel zu tun habe. Beeindruckend ist so ein Vollmond definitiv, und wenn er dabei der Erde ein bisschen näher ist als sonst, erscheint er uns tatsächlich ein klein wenig größer (auch wenn der Unterschied in Wahrheit gering ist und vermutlich nicht bemerkt würde, wenn man nicht vorher darauf hingewiesen wird). Aber selten ist ein Supermond nun nicht gerade. Ich erspare mir, die genaue Rechnung hier wiederzugeben, aber innerhalb einer Periode von 413 Tagen kann man im besten Fall bis zu drei Supermonde zu Gesicht bekommen. Darüber hinaus gilt all das, was ich zuvor über den Mond gesagt habe, natürlich auch in diesem Fall. Auch ein Supermond hat keine magischen Eigenschaften.

Und wie sieht es mit dem »Erdbeermond«, dem »Wolfsmond«, dem »Nebelmond«, dem »Blumenmond« und all den anderen Monden aus, von denen man in letzter Zeit auch immer öfter hören kann? All das sind vermeintlich traditionelle Namen für den Vollmond innerhalb eines bestimmten Monats. Der Erdbeermond ist zum Beispiel die Bezeichnung für einen Vollmond im Juli, der Wolfsmond ist im Januar zu sehen, den Blumenmond können wir uns im Mai anschauen und den Nebelmond im November. Jeder Monat hat seinen eigenen Vollmondnamen, und je nachdem, wo man nachliest, sollen diese Namen mal aus den Traditionen der amerikanischen Ureinwohner stammen oder aus germanischen Überlieferungen oder aus diversen anderen Kulturen vergangener Zeit. Und das ist auch nicht unbedingt falsch. Auch unsere »Monde« haben Namen. Sie heißen: Januar, Februar, März, April und so weiter. Aber wir bezeichnen damit nicht die in diesen Monaten auftretenden Vollmonde, sondern die aus der Bewegung des Mondes abgeleiteten Zeiträume, mit denen wir unseren Kalender unterteilen.

Natürlich hatten auch die amerikanischen Ureinwohner ihre eigenen Kalender, genau wie die Germanen und alle anderen. Viele davon waren Mondkalender und die Monate darin hatten selbstverständlich auch Namen. Ein Teil der heute verbreiteten Bezeichnungen stammt tatsächlich aus diesen Traditionen, aber es ist bestenfalls unklar, ob es sich dabei einfach nur um die (Übersetzungen der) jeweiligen Monatsbezeichnungen handelt oder ob die entsprechenden Kulturen tatsächlich den jeweiligen Vollmond so bezeichnet haben. Später im Buch werden wir noch mehr über die Entstehung unserer Monate und ihrer Namen erfahren; aber man kann sich vermutlich darauf einigen, dass es mehr als nur eine Methode gibt, Monate zu benennen. In unserem Kalender haben wir sie zum Teil einfach durchgezählt. September, Oktober, November und Dezember leiten sich zum Beispiel von den lateinischen Wörtern für sieben, acht, neun und zehn ab. Andere Namen stammen von römischen Göttern (Janus, Februus, Mars, Maia, Juno) oder römischen Herrschern (Julius, Augustus). Den November zum Beispiel als »Nebelmonat« oder »Nebelmond« zu bezeichnen oder den Juli als »Heumond« oder »Donnermond«, ergibt tatsächlich genauso viel (oder wenig) Sinn wie unser System. An den jeweiligen Monatsnamen ist nichts Mysteriöses, genauso wenig wie der Mond einen mysteriös-magischen Einfluss auf uns hat.

Das ist auch gar nicht nötig. Alle, die schon mal einen Vollmond in einer klaren Winternacht beobachtet oder den Mond an einem lauen Sommerabend über dem Horizont aufgehen gesehen haben, wissen, dass es ein beeindruckender Anblick ist. Der Mond hat unsere Kultur schon immer beeinflusst. Er hat uns geholfen, den Überblick über die Rhythmen der Zeit und der Natur zu gewinnen. Er hat uns zu Geschichten und Mythen inspiriert, er hat unseren Forschungsgeist geweckt und uns zu wissenschaftlich-technischen Höchstleistungen angetrieben, deren vorläufiger Höhepunkt 1969 die Landung der ersten Menschen auf dem Mond war. Der Mond ist ein großartiger Begleiter durch den Kosmos, während der Rauhnächte ebenso wie zu allen anderen Zeiten. Der Mond ist genug, so wie er ist. Wir müssen ihm keine zusätzlichen Eigenschaften andichten, um ihn interessanter zu machen.

Ritual für die siebente Nacht: Die Nacht des Zählens

Angesichts der beeindruckenden nächtlichen Präsenz des Mondes mag es vielen schwerfallen, nicht doch ein bisschen an dem Aberglauben festzuhalten, dass er unser Leben beeinflusst. Viele Menschen sind zum Beispiel trotz allen anderslautenden Belegen davon überzeugt, bei Vollmond schlechter schlafen zu können. Sehr häufig handelt es sich dabei um eine Art selbsterfüllende Prophezeiung: Wenn man davon überzeugt ist, dass der Mond den Schlaf stört, und dann bemerkt, dass ein Vollmond bevorsteht, macht man sich Sorgen über eine gestörte Nachtruhe. Und Sorgen können natürlich die Schlafqualität beeinträchtigen.

Wir alle schlafen mal besser und mal schlechter. Es gibt zahllose Gründe für nächtliches Aufwachen, morgendliches Früherwachen und Einschlafstörungen. Die meisten Menschen wachen übrigens in der Nacht auf, schlafen dann aber gleich wieder weiter und erinnern sich am nächsten Tag nicht mehr daran. Manchmal aber wird unser Schlaf für längere Zeit unterbrochen. Wenn wir dann vielleicht aufstehen, durch die Wohnung gehen und aus dem Fenster sehen und dort ein prächtiger Vollmond am Himmel steht: Dann bleibt uns das sehr viel mehr in Erinnerung, als wenn wir uns einfach nur eine Zeit lang im Bett hin und her wälzen oder wenn wir aus dem Fenster schauen und dort einfach nur die zu erwartende Dunkelheit erblicken. An den Vollmond erinnern wir uns lange, an die restlichen schlaflosen Nächte dagegen weniger. Am Ende kommen wir so leicht zu dem Schluss: Der Vollmond lässt mich nicht schlafen.

In der Psychologie ist dieses Phänomen als »selektive Wahrnehmung« bekannt. Davon sind alle Menschen betroffen und nicht nur, wenn es um den Mond geht. Wir erinnern uns an das, was irgendwie außergewöhnlich ist, oder an das, was uns gefallen, erschreckt oder anderweitig beeindruckt hat; der Rest verblasst im Laufe der Zeit. Der Urlaub, in dem es eigentlich die ganze Zeit schrecklich heiß war, wo uns das Essen nicht geschmeckt hat und wir überall sehr viel mehr Geld ausgeben mussten, als wir eigentlich wollten, wird im Laufe der Jahre zu einer wunderbaren Zeit, weil wir uns nur an die schönen Momente erinnern (wollen), die es in diesen Ferien natürlich auch gegeben hat. Der Marathonlauf, der bei realistischer Betrachtung eine stundenlange Quälerei war, wird in unserer Erinnerung zu einem tollen Erlebnis, weil wir uns nur an den glücklichen Moment im Ziel erinnern. Wir merken uns ganz genau, wenn der Zug einmal unpünktlich ist; die vielen Male, wo alles reibungslos läuft, bleiben uns dagegen nicht im Gedächtnis. Selektive Wahrnehmung geschieht ständig und überall. So funktioniert unser Gehirn nun mal. Aus Sicht der Wissenschaft ist das allerdings ein wenig unpraktisch. Wenn wir die Welt verstehen wollen, brauchen wir einen objektiven Blick und dürfen nicht auf subjektive Eindrücke ver-

trauen. Genau deswegen stützt man sich auf Statistik. Sie stellt sicher, dass wir es mit einem realen Phänomen zu tun haben und nicht mit einer verzerrten (Einzel-)Wahrnehmung. Diese Statistik kannst du als wissenschaftliches »Ritual« nutzen, um – ganz ohne komplizierte Mathematik – herauszufinden, was real und was nur eine gefühlte Wahrheit ist.

Wenn du zum Beispiel noch immer der Meinung bist, dass der Vollmond dich schlecht schlafen lässt, dann führe Aufzeichnungen darüber, und zwar lückenlos. Hierfür brauchst du dein Notizbuch auf jeden Fall: Notiere für jede Nacht, ob du gut geschlafen hast oder nicht. Mach das am besten ein paar Monate lang und dann gleiche diese Liste mit den Mondphasen ab. Wenn es einen Zusammenhang gibt, muss er sich hier zeigen.

Du kannst dieses Prinzip auch anwenden, um andere Dinge zu untersuchen, die dir Ärger machen. Kommt der Zug, mit dem du jeden Tag zur Arbeit fährst, wirklich immer zu spät? Oder ist hier wieder die selektive Wahrnehmung im Spiel? Mach eine simple Liste und finde es heraus! Du hast das Gefühl, deine beste Freundin ruft dich nicht mehr so oft an wie früher? Auch hier hilft die Statistik (und in diesem speziellen Fall vermutlich auch ein simples Gespräch). Unsere Gefühle können uns täuschen; die Zahlen nicht, zumindest dann nicht, wenn wir sie richtig einsetzen.

8

Die Nacht zum 28. Dezember: Frau Perchta, die Wäscheleine und die Kometen

Viele der traditionellen Bräuche der Rauhnächte werden heute nur noch lokal begrenzt oder gar nicht mehr begangen. Man findet zum Beispiel kaum noch unverheiratete Frauen, die in einer Rauhnacht um Mitternacht an einer Kreuzung stehen und darauf warten, dort ihren zukünftigen Bräutigam zu treffen. (Und falls doch: ihn bitte keinesfalls ansprechen, sonst muss man sofort sterben – oder zumindest damit rechnen, dass das in naher Zukunft passiert, heißt es). Andere Rauhnacht-Regeln werden auch heute noch eingehalten, selbst von Menschen, die ansonsten keinen Bezug zu Magie und Esoterik haben. Zum Beispiel wenn es um die Hygiene geht: Laut Tradition darf man in den Rauhnächten keine Wäsche waschen und aufhängen. Je nach Region und Überlieferung gilt das manchmal auch nur für die Zeit zwischen Weihnachten und Neujahr oder ausschließlich für den 28. Dezember. In der katholischen Kirche begeht man an diesem Tag das »Fest der unschuldigen Kinder«. Anlass dafür ist der in der Bibel beschriebene Kindermord von Bethlehem, als König Herodes alle männlichen Kleinkinder umbringen ließ. In der Tradition der Rauhnächte ist es allerdings »Frau Perchta«, die in dieser Nacht durch die Welt wandert und die Seelen der Kinder einsammelt, die ungetauft verstorben sind. Damit sich die unschuldigen Geister nicht in den aufgehängten Wäschestücken verfangen, soll man auf das Waschen in dieser Nacht verzichten.

So geht jedenfalls eine von vielen Geschichten. Laut anderen Überlieferungen ist es die Wilde Jagd, die sich in den Wäscheleinen verheddert und dann ungehalten wird. Bettwäsche und Leintücher sollte man schon gar nicht aufhängen, denn die erinnern an Leichentücher – und wer das ignoriert, wird im kommenden Jahr sterben. Die Wilde Jagd wird, je nach Region und Brauchtum, manchmal sogar direkt von Frau Perchta angeführt. Sie ist eine faszinierende Sagengestalt, die wir im Kindermärchen unter dem Namen »Frau Holle« kennen, wo sie unter anderem für den Schnee zuständig ist, der im Winter zur Erde fällt. Geschichten über Frau Perchta findet man in ganz Europa und die Forschung beschäftigt sich seit Jahrhunderten damit, mehr über ihren Ursprung herauszufinden.

Perchta kann freundlich sein und – wie im Märchen von Frau Holle – die fleißigen und hilfsbereiten Menschen reich belohnen. Sie kann aber auch unverhältnismäßig unfreundlich werden – und wer faul ist oder gegen die Regeln der Rauhnächte verstößt, wird bestraft, umgebracht oder wahlweise auch noch aufgeschlitzt und mit einem Bauch voller Steine in einen Brunnen geworfen. Sie ist eine Mischung aus bösem Dämon und netter Frau; sie kümmert sich um die Einhaltung der Regeln und der Ordnung im Haus und man sollte sie lieber nicht gegen sich aufbringen. Manche Forschende sehen ihren Ursprung in einer alten Jagd- und Naturgöttin, deren Zuständigkeitsbereich sich dann auch auf Haushalt und Landwirtschaft ausgeweitet hat, bevor sie im Volksglauben zu einer Herrin des Winters geworden ist, die einerseits um Ordnung und Regeln bemüht ist und andererseits, in ihrer Rolle als Anführerin der Wilden Jagd, laut, chaotisch und animalisch durch die Nacht rauscht. Den letzten Aspekt können wir auch in den vielen Perchtenläufen beobachten, die vor allem im Alpenraum in den Rauhnächten begangen werden. Diese Perchten sind im Allgemeinen schreckliche Gestalten, die mit Lärm, Geschrei und Glockengeläut durch die Straßen ziehen (genauer gesagt: Es sind Menschen, die sich entsprechend schreckliche Kostüme übergezogen haben). Es gibt aber nicht nur diese bösen »Schiachperchten«, sondern auch die guten »Schönperchten«, von denen ich später noch erzählen werde.

Der Ursprung von Frau Perchta wird vermutlich weiterhin unbekannt bleiben; die Herkunft der heutigen Perchtenläufe ist dagegen weit weniger tief in der Vergangenheit zu suchen, als man es sich gemeinhin vorstellt. Umzüge mit Lärm, Trubel und Masken hat es natürlich immer schon gegeben. Bis auf wenige Ausnahmen sind die modernen Perchtenläufe aber erst im 19. Jahrhundert aufgekommen und haben keine direkte Verbindung zu alten, heidnischen Ritualen. Und man muss auch keine Angst haben, während der Rauhnächte die Wäsche zu waschen. Man kann es selbstverständlich auch gerne lassen; während der Feiertage ist sowieso schon viel zu tun, da kann man sich auch ein paar Tage Ruhe von der Hausarbeit gönnen. Aber wer wäscht, muss keine Angst vor Frau Perchta und der Wilden Jagd haben. Und auch nicht davor, dass die feuchte Wäsche in der Wohnung für Schimmel sorgt.

Das mit der Wäsche im Winter ist ja tatsächlich ein wenig nervig. Im Sommer ist es kein Problem, die Luft ist warm, man kann die Fenster öffnen und für Durchzug sorgen, der die nassen Sachen schneller trocknet, oder die Wäschespinne überhaupt gleich ins Freie stellen. Die kalte Luft im Winter kann weniger Feuchtigkeit aufnehmen und es dauert länger, bis die Wäsche trocken ist. Die Luftfeuchtigkeit in der Wohnung steigt und man läuft Gefahr, dass sich Schimmel bildet. Also muss man lüften, wodurch es noch kälter wird. Und draußen kann man die Wäsche im Winter ja auch nicht aufhängen … Doch, kann man! Das sollte man sogar tun, ganz besonders dann, wenn es so richtig kalt ist.

Wenn es draußen frostig wird, ist das der ideale Zeitpunkt zum Wäschewaschen. Natürlich wird beim Trocknen das Restwasser in den Wäschestücken zunächst gefrieren. Aber dann passiert etwas, das man in der Wissenschaft »Sublimation« nennt. Wir alle wissen, dass Wasser nicht nur flüssig, sondern in Form von Eis auch fest sein kann. Es gibt auch gasförmiges Wasser, nämlich als Wasserdampf. Normalerweise wird festes Eis beim Auftauen zuerst flüssig und verdampft dann irgendwann, wenn man es noch weiter erhitzt.

Wasser kann aber auch direkt vom festen in den gasförmigen Zustand übergehen, ohne den Umweg über den flüssigen Aggregatzustand zu nehmen. Damit das passiert, müssen die Umstände passen. (Eine aus astronomischer Sicht besonders interessante Art der Sublimation werden wir uns später noch ansehen!) Eine aus wissenschaftlicher Sicht spannende, im Alltag aber eher unerfreuliche Version dieses Phänomens können wir in unserem Gefrierschrank beobachten. Wer Tiefgefrorenes dort zu lange aufbewahrt, wird sich irgendwann über den »Gefrierbrand« ärgern. Dabei passiert Folgendes: Eis besteht aus Wassermolekülen, die zwar in einer Kristallstruktur gebunden und damit »fest« sind; aber aus der Oberfläche des Eises können sich trotzdem immer wieder einzelne Wassermoleküle lösen. Wie es von da an weitergeht, hängt von der Feuchtigkeit der Umgebungsluft ab. Ist dort schon sehr viel Wasserdampf enthalten, wird der Verlust des Eises dadurch ausgeglichen. Moleküle aus der Luft lagern sich an der Oberfläche des gefrorenen Wassers an und es bildet sich ein Gleichgewichtszustand aus. Wenn die Luft hingegen sehr trocken ist, verliert das Eis mehr Wasser an die Umgebung, als es wiederaufnehmen kann. Oder anders gesagt: Es löst sich im Laufe der Zeit einfach auf und verschwindet, ohne dass es zuvor flüssig geworden wäre.

Das funktioniert auch mit feuchter Wäsche: Wenn man sie bei Minusgraden draußen aufhängt, dann gefriert das Wasser zunächst einmal. Wenn die Temperaturen dann kalt bleiben und das Wetter idealerweise auch noch sonnig ist, wird das Eis in der Wäsche sublimieren. Die Wäsche wird trocken – und riecht danach auch nicht muffig, sondern schön winterlich-frisch. Diese Methode des Gefriertrocknens eignet sich aber nur für wirklich kalte Tage. Wenn die gefrorene Wäsche irgendwann im Laufe des Prozesses auftaut und wieder einfriert, dauert die Trocknung nicht nur länger, die Wäsche kann dabei auch beschädigt werden. Deswegen sollte man auch immer warten, bis sie wirklich trocken ist, bevor man sie abnimmt. Aber wenn die Bedingungen passend sind, dann ist das winterliche Wäschetrocknen im Freien eine wunderbar energiesparende Methode, bei der man sich zudem nicht über feuchte Luft in der Wohnung ärgern muss.

Ich habe vorhin von einer weiteren Art der Sublimation gesprochen, die aus astronomischer Sicht interessant ist. Damit können wir keine Wäsche trocknen (oder nur mit sehr viel technischem Aufwand), sie sorgt aber immer wieder für beeindruckende Himmelsschauspiele. Die Sublimation ist nämlich dafür verantwortlich, dass wir Kometen beobachten können.

Sterne und Planeten sind am Nachthimmel auch ohne optische Hilfsmittel gut zu erkennen. Es gibt aber noch mehr Himmelskörper, die die Sonne umkreisen, nämlich die Asteroiden und Kometen. Sie sind der »Bauschutt«, der bei der Entstehung des Sonnensystems vor mehr als 4,5 Milliarden Jahren übrig geblieben ist. Die Sonne und die Planeten sind aus einer großen Wolke aus Gas und kleinsten Staubteilchen entstanden. Das Material hat sich zu immer größeren Objekten zusammengeballt, die danach miteinander kollidierten und die Planeten gebildet haben. Ein Teil dieses Baumaterials ist übrig geblieben und diese Brocken bewegen sich auch heute noch überall im Sonnensystem. Sie bestehen aus Gestein und Metall, und je nachdem, ob sie sich nah oder fern der Sonne gebildet haben, enthalten sie mehr oder weniger gefrorenes Material. Die Objekte, die wenig Eis enthalten, nennen wir »Asteroiden«, die, die sich in größerer Entfernung zur Sonne gebildet und bei ihrer Entstehung mehr gefrorenes Wasser mitbekommen haben, heißen »Kometen«.

Auf den ersten Blick sehen sie sich ziemlich ähnlich: Es sind unförmige Brocken, typischerweise ein paar Kilometer groß. Ein Komet kann sein Erscheinungsbild aber dramatisch verändern. Wenn er sich auf einer Bahn bewegt, die ihn in die Nähe der Sonne bringt, dann erwärmt sich der Komet. Das gefrorene Material (vor allem Wassereis; in der Kälte des Weltalls können aber auch andere Stoffe gefroren sein, zum Beispiel Kohlendioxid) taut auf, kann aber nicht flüssig werden. Damit eine Flüssigkeit existieren kann, braucht es einen ausreichend hohen Luftdruck. Je niedriger der Luftdruck, desto schneller wandelt sich eine Flüssigkeit zu Gas um. Normalerweise muss man Wasser auf 100 Grad erhitzen, damit es in einen gasförmigen Zustand übergeht. In den Bergen ist das aber schon anders. Auf der gut 3000 Meter hoch gelegenen Zugspitze ist der Luftdruck geringer und Wasser kocht schon bei 90 Grad. Auf dem Mount Everest beginnt es schon bei circa 70 Grad zu brodeln. Der fehlende Druck macht es den Wassermolekülen leichter, die Flüssigkeit zu verlassen und als Wasserdampf davonzuschweben.

Im Vakuum des Weltalls gibt es gar keine Luft und damit auch keinen Luftdruck: Wasser »kocht« dort also sofort, egal welche Temperatur es hat. Und das Wasser in einem Kometen wird direkt zu Gas. Dabei dehnt es sich aus und reißt auf seinem Weg von der Kometenoberfläche ins All jede Menge Staub mit sich. Der sich erwärmende Komet hüllt sich also in eine große Staubwolke, die das Sonnenlicht sehr viel besser reflektiert als der nur wenige Kilometer große Komet. Anders gesagt: Plötzlich wird der Komet so hell, dass man ihn ohne Teleskop von der Erde aus sehen kann.* Und es passiert noch mehr: In der Nähe der Sonne entwickelt der Komet einen

* Das passiert natürlich nicht bei jedem Kometen. Manche entwickeln zu wenig Staub oder fliegen in zu großer Entfernung an uns vorbei.

beeindruckenden Schweif, da die Strahlung der Sonne die Staubteilchen der Hülle quasi weg »bläst«.

Mit anderen Worten: Ohne die Sublimation des Eises wären die Kometen für uns genauso schwer zu beobachten wie die Asteroiden. Die wurden deswegen auch erst zu Beginn des 19. Jahrhunderts entdeckt, als es ausreichend gute Teleskope gab. Kometen kennt die Menschheit dagegen schon von Anbeginn an. Ein Blick in die Geschichte zeigt, dass sie meist als ein wenig unheimlich wahrgenommen wurden. Vielleicht auch nicht weiter verwunderlich: Sie tauchen plötzlich am Himmel auf, sehen völlig anders aus als alle anderen Himmelserscheinungen und verschwinden ebenso plötzlich, wie sie gekommen sind. Heute wissen wir, dass das an ihren lang gestreckten Umlaufbahnen liegt, die sie nur kurz in die Nähe der Sonne bringen, bevor sie dann wieder für lange Zeit im äußeren Sonnensystem verschwinden. Früher sah man sie nicht selten als göttliche Zeichen an, meist gar als böse Omen. Aber ab und zu auch als Vorboten wichtiger Ereignisse.

Ein »Komet«, der gerade in den Rauhnächten eine große Rolle spielt, ist der Stern von Bethlehem. Er soll den Heiligen Drei Königen den Weg nach Bethlehem gezeigt haben. Dieses Ereignis feiern wir am 6. Januar, dem Dreikönigstag, der oft als letzter Tag der Rauhnächte gilt (wenn man sie erst am 25. Dezember beginnen lässt).

Aber sieht man einmal davon ab, dass diese Geschichte nur in der Bibel belegt ist, war dieser »Stern«

mit recht großer Sicherheit kein Komet. Es gibt diverse antike Quellen, die von Kometen am Himmel berichten – und nirgendwo haben Menschen zur fraglichen Zeit etwas Entsprechendes beobachtet. Die Darstellung des Sterns von Bethlehem als Komet geht auf ein Gemälde von Giotto di Bondone zurück. Der italienische Maler hat sich zu Beginn des 14. Jahrhunderts vom Halleyschen Kometen inspirieren lassen, der 1301 am Himmel zu sehen war. Und es gibt noch andere Theorien zum Ursprung des Sterns von Bethlehem, die aus astronomischer Sicht aber alle zweifelhaft sind. Am plausibelsten ist immer noch die Hypothese, dass der »Stern« nie existiert hat. Das junge Christentum hat ihn vermutlich als eine Art Statussymbol in die Geschichte hineingeschrieben, um die Geburt Jesu mit ausreichend kosmischer Bedeutung zu umrahmen.

Dennoch hat sich das Bild des Kometen in den Köpfen der Menschen festgesetzt – und damit schließt sich der Kreis zu den Rauhnächten. Ich habe zu Beginn dieses Kapitels erwähnt, dass es nicht nur die Perchten gibt, die mit schrecklichen Masken Lärm und Chaos verbreiten, sondern auch die »Schönperchten«, die als Lichtgestalten einen Gegenpol zu den dämonischen Geistern der Rauhnächte bilden. Auch sie ziehen von Haus zu Haus, aber in farbenfrohen, kunstvollen und meist beleuchteten Kostümen. Ein Beispiel davon sind die »Glöcklerläufe«, die man vor allem in Salzburg und Oberösterreich beobachten kann. Sie sollen, so die Tradition, in der letzten Rauhnacht die Wilde Jagd und andere Winterdämonen vertreiben – obwohl auch dieser Brauch erst im 19. Jahrhundert entstanden ist. Die weiß gekleideten Glöckler tragen riesige Hüte voller bunter, leuchtender Motive: Sterne, Sonnen, Monde – aber es gibt fast immer auch einen Kometen, der den Zug anführt.

Ritual für die achte Nacht: Die Nacht der Falsifikation

Aberglaube kann hartnäckig sein. Natürlich ist uns allen irgendwie klar, dass es keine Rolle spielt, ob wir die Wäsche während der Rauhnächte waschen oder nicht. Es gibt keine bösen Geister, die uns bestrafen, wenn wir uns an den Feiertagen um saubere Kleidung bemühen. Aber manchmal bleibt doch ein letzter Rest an Zweifel. Und außerdem kann man die Regeln ja ruhig befolgen – wenn es nicht hilft, dann schadet es zumindest auch nicht, oder?

Zudem hat das Ganze ja auch irgendwie so etwas wie eine Datengrundlage: Wenn man bis jetzt jedes Jahr aufs Waschen verzichtet hat, dann zeigt die Beobachtung eindeutig, dass man noch nicht gestorben ist und auch nicht von Frau Perchta oder der Wilden Jagd verschleppt wurde. Aber natürlich ist das kein echter wissenschaftlicher Nachweis. Um einen solchen zu erbringen, müsste man nicht nur prüfen, ob man nicht stirbt, wenn man *keine Wäsche aufhängt – sondern vor allem auch testen, ob man auf dem Friedhof landet, wenn man es doch tut. Ein solches »Experiment« wäre natürlich ein wenig riskant, würde aber dem wissenschaftlichen Prinzip der Falsifikation entsprechen.**

Sieht man von wenigen Ausnahmen ab, dann können Hypothesen in den Naturwissenschaften nie mit letzter Sicherheit bestätigt werden. Im zugegebenermaßen etwas obskuren Beispiel mit der Wäsche und Frau Perchta bedeutet das zunächst: Wenn man auf das Waschen in den Rauhnächten verzichtet und dann nichts Schlimmes passiert, ist das noch kein Beleg dafür, dass Frau Perchta wirklich existiert oder dass an dieser Rauhnacht-Regel tatsächlich etwas dran ist. Wäschewaschen ist in den allermeisten Fällen eine eher risikoarme Tätigkeit, und es dürfte sehr viele Gründe geben, warum man ihr nachgehen kann, ohne danach tot umzufallen. Wir können allerdings versuchen, die Wäsche-Regel zu falsifizieren. Dazu müssen wir das Gegenteil tun, nämlich in den Rauhnächten die Waschmaschine anschmeißen. Sollte sich dann zeigen, dass die entsprechenden Menschen regelmäßig und in statistisch signifikanter Zahl von Tod und Unheil heimgesucht werden, wäre das zumindest ein

* *Aber man kann sich klarmachen, dass in den Hotels dieser Welt auf jeden Fall auch während der Rauhnächte Tag für Tag die Laken gewaschen werden. Und bis jetzt ist nichts über regelmäßig auftretende Wellen an Todesfällen unter dem Hotelpersonal bekannt.*

Hinweis, die Wünsche von Frau Perchta ernst zu nehmen. Wenn nichts passiert, können wir das Wäscheverbot in den Rauhnächten hingehend als falsifiziert betrachten.

Was in diesem Fall als unnötiger Aufwand erscheint, ist ein zentrales Prinzip der wissenschaftlichen Methode. Es reicht nicht, eine Hypothese aufzustellen. Man muss auch dazusagen, welche Beobachtungen oder Experimente in der Lage wären, diese Hypothese zu falsifizieren. Und erst wenn die Hypothese die Falsifikation überlebt hat, ist sie – vielleicht – richtig.

Dieses Prinzip kannst du als wissenschaftliches »Ritual« nutzen, um ein paar deiner Vorstellungen und Überzeugungen zu überprüfen. Schreib ein paar Sätze in dein Notizbuch, von denen du wirklich fest überzeugt bist. Zum Beispiel so etwas wie »Ich bin nun mal eben dick, das lässt sich nicht ändern«. Oder »Ich bin nicht gut genug, um ein Studium zu beginnen, das ist nichts für mich«. Oder »Wenn ich abends früher schlafen gehe und mich nicht mehr so oft mit meinen Freunden treffe, werden sie böse auf mich sein«. Überlege dir dann genau und in Ruhe, welche Beobachtungen oder Tests diese Überzeugungen widerlegen könnten. Und dann überlege dir, ob du sie auf die Probe stellen möchtest.

Es kann unangenehm sein, Vorstellungen aufzugeben, an denen man lange hing. Aber Irrtum ist keine Schwäche. Das gilt fürs Leben wie für die Wissenschaft. Veränderungen sind nur zu haben, wenn wir uns trauen, uns von falschen Ideen zu verabschieden.

9

Die Nacht zum 29. Dezember: Wie man wirklich in die Zukunft schaut

Am 31. Dezember 2028 wird es für alle, die nicht durch Silvesterfeiern abgelenkt sind, am Himmel etwas Besonderes zu sehen geben. Der Mond wird, hier in Mitteleuropa, am späten Nachmittag kurz nach 16 Uhr als Vollmond aufgehen. Kurz danach verschwindet die Sonne hinter dem Horizont. So weit, so normal. Wer nun aber den Blick nicht abwendet und den Mond in der Abenddämmerung weiter aufmerksam beobachtet, wird feststellen, dass sich die helle Scheibe des Vollmonds immer weiter verdunkelt. Gegen 17:15 Uhr wird der ganze Mond dunkel sein beziehungsweise rötlich leuchten. Danach wird er wieder heller werden und gegen 18:30 Uhr wird er wieder so aussehen, wie wir ihn kennen.

Um 18:31 Uhr wirst du behaupten können, dass du gerade eine totale Mondfinsternis miterlebt hast. Wer dieses Buch erst im Jahr 2029 liest, wird bestätigen können, dass sich alles genau so zugetragen hat, wie ich es gerade beschrieben habe. Aber diese Bestätigung ist eigentlich nicht nötig. Wir können uns auf die Vorhersage dieses astronomischen Ereignisses verlassen, im Gegensatz zu den diversen Ritualen, mit denen man in den Rauhnächten in die Zukunft zu schauen versucht.

Über die eher unzuverlässige Vorhersage des Wetters habe ich in Kapitel zwei gesprochen. Es gibt aber noch viele andere Wege, auf denen wir Menschen in den Rauhnächten einen Blick in die Zukunft erhaschen wollen. Zum Beispiel, indem wir geschmolzenes Zinn, Wachs oder – inzwischen seltener, da nicht gerade gesundheitsfördernd – geschmolzenes Blei in eine Schüssel voll Wasser werfen. Wir interpretieren dann die dabei entstandene Form oder den Schatten, den sie im Kerzenlicht wirft, und ziehen daraus Schlüsse für das, was uns im neuen Jahr bevorsteht. Mit anderen Bräuchen versuchen wir sogar, die Zukunft direkt zu beeinflussen. Ein beliebtes Ritual ist das der »13 Wünsche«. Wir schreiben 13 Dinge auf, die wir uns für das kommende Jahr erhoffen, jedes davon auf einem eigenen Zettel. In jeder Rauhnacht wird einer davon verbrannt. Der Wunsch, der in der ersten Nacht in Rauch aufgeht, wird uns im ersten Monat des neuen Jahres erfüllt werden. Der zweite verbrannte Wunsch geht im zweiten Monat in Erfüllung, und so weiter. Der 13. Wunsch, der übrig bleibt, ist der, um den wir uns selbst kümmern müssen (und wenn wir das ernst nehmen, besteht zumindest in diesem Fall eine gewisse Wahrscheinlichkeit, dass wenigstens dieser Wunsch Realität wird). Außerdem gibt es die Vorstellung, dass das, was wir während der Rauhnächte träumen, uns Auskunft über die Zukunft geben soll. Zudem stehen zahlreiche andere Methoden zur Verfügung, vom Lesen im Kaffeesatz über das Handlesen bis hin zum Pendeln. Wer das zu mühsam findet, kann mittlerweile auch aus einer großen Auswahl spezieller »Rauhnacht-Orakelkarten« wählen.

Über die Zukunft Bescheid wissen zu wollen, ist ein vollkommen verständlicher Wunsch. Ungewissheit ist für uns Menschen nur schwer auszuhalten. Im Laufe der Jahrtausende haben wir uns deshalb eine Vielzahl von Methoden ausgedacht. Es gibt allerdings nur eine, die verlässlich funktioniert. Bei den anderen stimmen die Prognosen eher aus Zufall. Oder sie fühlen sich deswegen hilfreich an, weil man mit ihrer Hilfe auf Umwegen herausfinden kann, was man sich eigentlich tatsächlich wünscht für die Zukunft. Wenn ich zum Beispiel wissen will, ob ich im neuen Jahr meinen Arbeitsplatz wechseln soll oder doch lieber da bleibe, wo ich bin, kann ich einfach eine Münze werfen. Wenn die Münze mir dann sagt, dass ich bleiben soll, und ich darüber erleichtert bin, ist das vermutlich die richtige Entscheidung für mich. Sollte ich mich aber umgekehrt darüber ärgern, dass das blöde Schicksal mich zu Hause festhält, obwohl ich doch lieber etwas Neues ausprobieren möchte: Nun, auch das ist eine Antwort auf meine Frage.

Aber welche Methode ist denn nun die verlässliche für Zukunftsprognosen? Es ist dieselbe Methode, dank der wir wissen, dass am Abend des 31. Dezember 2028 eine totale Mondfinsternis stattfinden wird: die Wissenschaft. Und auch sie kann uns leider nicht alles sagen, was in der Zukunft passieren wird. Aber das, was sie vorhersagt, wird mit großer Wahrscheinlichkeit auch eintreten. Zumindest aber kann die Wissenschaft prognostizieren, wie wahrscheinlich es ist, dass etwas geschieht.

Das finden mit Sicherheit viele Menschen unbefriedigend. Was nützt mir der genaue Termin für eine Mondfinsternis, wenn ich eigentlich wissen möchte, wie es im nächsten Jahr um meine Beziehung steht? Kann mir die Wissenschaft sagen, ob ich endlich befördert werde oder meine Abschlussprüfung schaffe? Ob ich glücklich werde? Das kann sie nicht. Aber es gibt auch sonst keine Methode oder Person, die das könnte. Was wir über die Zukunft wissen können, ist begrenzt. Das bedeutet jedoch nicht, dass wir keinen Einfluss darauf nehmen können. Wichtig ist allerdings: Wenn wir das auf sinnvolle Weise tun wollen, müssen wir wissen, wo die Grenzen unserer Vorhersagen liegen.

Gehen wir daher noch mal zurück zum Anfang und zur Mondfinsternis am 31. Dezember 2028. Woher wissen wir denn wirklich, dass sie stattfinden wird? Führen wir uns zunächst mal vor Augen, was bei einer Mondfinsternis eigentlich geschieht: Die Erde steht genau zwischen Sonne und Mond, sodass der Erdschatten den Mond verdunkelt. Dabei verschwindet der Mond nicht komplett; ein bisschen Sonnenlicht wird durch die äußeren Schichten der Erdatmosphäre noch in seine Richtung abgelenkt – darum leuchtet eine Mondfinsternis auch immer in einem düsteren Rot.

Aus der Geometrie der Finsternis folgt also zunächst, dass eine Mondfinsternis nur bei Vollmond stattfinden kann – denn nur dann stehen Sonne, Erde und Mond in der richtigen Konstellation. Zu einer Verfinsterung kommt es jedoch nur dann, wenn die drei Himmelskörper wirklich exakt in einer Linie stehen. Das geschieht nur sehr selten, denn die Umlaufbahn des Mondes ist gegenüber der Erdbahn ein klein wenig geneigt. In den meisten Fällen landet der Schatten der Erde also irgendwo im Weltall, aber trifft nicht auf die Mondoberfläche. Damit es zu einer Finsternis kommt, muss der Vollmond also zusätzlich in einem der beiden »Knotenpunkte« stehen – also genau dort, wo die Ebenen von Mond- und Erdbahn sich schneiden. Nur dann befinden sich alle drei Körper in einer exakten Linie und der Erdschatten kann den Mond verfinstern. Das Problem: Durch die gravitativen Störungen, die von den restlichen Himmelskörpern auf die Erde wirken, ist die Position dieser Knotenpunkte nicht konstant. Die Umlaufbahnen von Mond und Erde sind nicht unveränderlich, sondern »wackeln« ein wenig hin und her. Wir haben also folgende Situation: Der Mond bewegt sich mit einer bestimmten Periode um die Erde – und es gibt in regelmäßigen Abständen einen Vollmond. Die Knotenpunkte wandern ebenfalls mit einer bestimmten Periode um die Erde herum. Und nur in den Momenten, in denen diese beiden Bewegungen passend zusammenfallen, kann es eine Mondfinsternis geben.

Die Realität ist, wie immer, ein wenig komplexer und es gibt noch mehr Variationen in den Umlaufbahnen, die eine Rolle spielen können. Wenn es nicht um eine Mond-, sondern um eine Sonnenfinsternis geht, dann ist es zum Beispiel auch von Bedeutung, wie nahe der Mond der Erde gerade ist. Nur im richtigen Abstand kann er die Sonne komplett verdecken, andernfalls kommt es zu einer ringförmigen Finsternis. Und wenn die Himmelskörper nicht genau in den Knotenpunkten stehen, sondern ein wenig daneben, reicht es nur noch für eine partielle Finsternis.

Aus alldem kann man ableiten, dass es mehrere sogenannte »Finsterniszyklen« gibt. Der wichtigste davon dauert 18 Jahre und knapp 11 Tage. Nach diesem Zeitraum haben Sonne, Erde und Mond wieder die passenden Positionen erreicht, um eine Finsternis zu verursachen. Das bedeutet nicht, dass sich Sonne oder Mond nur in diesem Abstand verdunkelt zeigen. Wie gesagt: Es gibt noch mehr Zyklen und viele davon laufen parallel. Aber wenn wir nächsten Montag eine Mondfinsternis beobachten, können wir mit großer Wahrscheinlichkeit davon ausgehen, dass wir 18 Jahre und 11 Tage später noch einmal eine zu Gesicht bekommen werden (den Wochentag dürfen sich alle selbst ausrechnen …).

All das wusste man bereits in der Antike – es gibt Keilschrifttafeln aus Babylonien und Schriften römischer und griechischer Gelehrter, die diese Informationen enthalten. Damals war die Vorhersage einer Finsternis allerdings trotzdem eine schwierige Angelegenheit, da die Berechnungen mangels exakter Beobachtungsdaten oft fehlerhaft waren. Heute wissen wir sehr viel besser Bescheid und können Mond- und Sonnenfinsternisse fast auf die Sekunde genau prognostizieren. Und das sind tatsächlich Vorhersagen, auf die wir uns verlassen können: Die Bewegung der Himmelskörper folgt bekannten Gesetzen; niemand trödelt, legt einen überraschenden Etappensprint ein oder biegt mal eben spontan links ab. Der Vollständigkeit halber sei dazugesagt, dass die Vorstellung von absoluter Sicherheit selbstverständlich auch unwissenschaftlich wäre. Vielleicht taucht plötzlich ein Raumschiff voller Aliens auf und beamt den Mond weg – dann gibt es am 31. Dezember 2028 auch keine Finsternis. Das ist zwar alles andere als wahrscheinlich, aber restlos ausschließen kann man es nicht. Aber es bleibt dabei: Die Vorhersage von Finsternissen ist so verlässlich, wie ein Blick in die Zukunft nur sein kann.

In anderen Bereichen sieht es ein wenig anders aus. In Kapitel zwei habe ich über die langfristige Vorhersage des Wetters gesprochen und erklärt, wie komplex die Vorgänge sind, die dazu führen, dass es zu Weihnachten schneit (beziehungsweise nicht schneit). Natürlich folgt auch die Bewegung der Luftmoleküle prinzipiell vorhersagbaren Naturgesetzen. Aber: Wenn wir das Wetter exakt vorhersagen wollten, müssten wir die Bewegung jedes einzelnen Teilchens exakt verfolgen können und das liegt außerhalb unserer Fähigkeiten. Das Wetter ist ein chaotisches System, was jedoch nicht bedeutet, dass es sich vollkommen zufällig und ohne Regeln verändert. Aber weil so viele Faktoren die Bewegung der Moleküle in der Atmosphäre beeinflussen, können schon winzige Veränderungen extrem große Auswirkungen haben.

Dieses Phänomen wird oft als »Schmetterlingseffekt« beschrieben: Der Flügelschlag eines Schmetterlings, der die Luft in Südamerika verwirbelt und angeblich dafür sorgt, dass sich in Europa ein Sturm bildet. Das ist ein wenig zu vereinfacht dargestellt: Die Metapher mit dem Schmetterling soll die Schwierigkeiten der Wettervorhersage illustrieren. Misst man den Zustand der Atmosphäre zu einem Zeitpunkt, kann man daraus vorhersagen, wie sie in Zukunft sein wird. Basiert man die Vorhersage aber auf einem minimal anderen Zustand, wird sie nicht nur ein leicht abweichendes Ergebnis liefern, sondern ein vollkommen anderes. Zumindest dann, wenn man weit genug in die Zukunft blicken will. Das Wetter der nächsten 14 Tage können wir mittlerweile einigermaßen genau prognostizieren. Darüber hinaus wird es schwierig und irgendwann unmöglich. Die Wissenschaft kann also nicht sagen, ob es im Jahr 2100 weiße Weihnachten geben wird oder nicht. Sie kann aber durchaus etwas über das Klima der Zukunft wissen.

Im Gegensatz zu den kleinräumigen und zeitlich extrem veränderlichen Wetterphänomenen ist das Klima der durchschnittliche Zustand der Atmosphäre. Vereinfacht gesagt: Wir können im Winter nicht vorhersagen, ob man an einem bestimmten Sommertag nur eine kurze Hose und ein T-Shirt braucht oder vielleicht eine leichte Jacke anziehen muss. Der dicke Mantel kann aber auf jeden Fall im Kleiderschrank bleiben. In der Klimaforschung betrachtet man langfristige Veränderungen und den Zustand der Atmosphäre in ihrer Gesamtheit. Und wenn wir es mit weniger Parametern zu tun haben, werden auch die Vorhersagen wieder einfacher. Aus der Menge an Treibhausgasen in der Atmosphäre lässt sich die Durchschnittstemperatur der Erde ziemlich genau angeben und deswegen wissen wir auch, dass es im Jahr 2100 deutlich wärmer sein wird als jetzt und dass die Chance auf weiße Weihnachten damit sinken wird. Zumindest dann, wenn wir uns nicht darum kümmern, unsere CO_2-Emissionen zu senken.

Bei komplexen Phänomenen wie dem Klima liegt die Vorhersagekraft der Wissenschaft darin, uns Möglichkeiten und Wahrscheinlichkeiten zu liefern. Sie zeigt uns die zukünftigen Konsequenzen unseres heutigen Handelns auf. Und das gilt auch für andere Lebensbereiche. Die Wissenschaft kann uns nicht sagen, ob wir nächstes Jahr endlich unser Wunschgewicht erreichen. Aber sie kann Aussagen darüber treffen, was passieren wird, wenn wir unsere Ernährung umstellen und damit beginnen, Sport zu treiben. Die Wissenschaft weiß nicht, wie es im nächsten Jahr mit unserer Situationship aussehen wird. Aber sie weiß, welche Verhaltensweisen in einer Partnerschaft hilfreich sind und welche nicht.

Absolute Sicherheit für die Zukunft gibt es nicht, auch wenn wir uns das wünschen würden. Wir müssen lernen, mit der Unsicherheit umzugehen. Aber dort, wo es möglich ist, sollten wir auch auf das hören, was wir dank Wissenschaft und Forschung tatsächlich über unsere Zukunft wissen können.

Das Ritual für die neunte Nacht: Die Nacht der Weltbilder

Wir können die enorme Komplexität der Welt nicht in ihrer Gesamtheit wahrnehmen. Die Wissenschaft arbeitet deswegen mit Modellen, die zwar nicht der Realität entsprechen, aber trotzdem hilfreich sind. Um zu wissen, wann eine Mondfinsternis stattfindet, müssen wir nicht über die Strukturen auf der Mondoberfläche Bescheid wissen und können so tun, als wäre unser Satellit eine strukturlose Sphäre. Wenn wir dagegen auf dem Mond landen wollen, dürfen wir das definitiv nicht ausblenden. Wann immer in der Forschung Aussagen über die Welt getroffen werden, muss dazugesagt werden, in welchem Rahmen diese Aussagen gültig sind. Jedes Modell hat Grenzen und man muss sie kennen, wenn man verstehen möchte, wie verlässlich das entsprechende Weltbild ist.

Auch wir selbst haben jede Menge Weltbilder, die die

Komplexität der Realität verringern sollen. Viele davon sind harmlos, einige haben sich zu gefährlichen Vorurteilen entwickelt. Wer zum Beispiel denkt, dass Ausländerinnen und Ausländer faul, gefährlich und unzivilisiert sind, hat damit die komplexe Realität vereinfacht. Alle Aussagen, die man aus diesem vereinfachten Weltbild ableitet, sind unzuverlässig.

Dieses Wissen über wissenschaftliche Modelle kannst du für ein eigenes »Ritual« nutzen. Überlege dir, welche Weltbilder du hast. Wie siehst du die Welt und welche Vereinfachungen liegen diesem Blick zugrunde? Wo sind die Grenzen deines Weltbildes? Was kann es gut erklären und was nicht? Vielleicht bist du zum Beispiel ja der Meinung, der nächste Urlaub muss im Ausland stattfinden, weil es im eigenen Land zu langweilig ist (oder umgekehrt)? Vielleicht denkst du, dass die Kolleginnen und Kollegen aus der anderen Abteilung im Büro, die Fans des rivalisierenden Fußballteams oder der Freundeskreis deiner Partnerin bzw. deines Partners ausschließlich Idioten sind? Was auch immer es ist: Denk darüber nach, was genau dich zu dieser Ansicht gebracht hat und was du bei diesen Überlegungen übersehen haben könntest? Notiere dir das alles so genau wie möglich in deinem Notizbuch. Diese Gedanken können dir dabei helfen, Vorurteile zu erkennen, die nicht nur andere Menschen betreffen, sondern auch dich selbst.

10

Die Nacht zum 30. Dezember: Rauch und Lärm

Ein zentrales Element der Rituale, die zwischen den Jahren durchgeführt werden, ist das Räuchern – das den Rauhnächten vielleicht sogar ihren Namen eingebrockt hat. Es gibt vielfältige Variationen dieses Brauchs. Oft ziehen ganze Menschengruppen von Haus zu Haus und verbrennen Weihrauch und Kräuter; manchmal wird auch privat geräuchert. Im Prinzip geht es aber immer um eine rituelle Reinigung. Der Rauch soll böse Gedanken oder Geister vertreiben; das Negative soll aufgelöst werden und Platz für die positiven Gedanken und Wünsche im neuen Jahr schaffen. Mittlerweile gibt es ganze Kalender, die einem sagen, was man an welchem Tag verbrennen soll. Mal ist es Weihrauch, mal Salbei oder Wacholder, mal Tanne oder Zedernholz.

Aber, und das ist die unangenehme physikalische Seite dieser Tradition: Was auch immer man verbrennt, es erzeugt Feinstaub. Beim Räuchern entstehen Stickoxide, flüchtige Kohlenwasserstoffe, Ruß und andere Feinstaubteilchen. »Feinstaub« klingt erst mal harmlos, aber es handelt sich dabei um Partikel, die nur wenige Mikrometer groß sind – und damit so klein, dass wir sie nicht nur einatmen können; sie gelangen auch problemlos tief in unseren Körper hinein, bis in die Lunge. Dass das ungesund ist, liegt nahe. Die Schadstoffe, die beim Abbrennen von Räucherkerzen oder Räucherstäbchen freigesetzt werden, können die Atemwege belasten oder asthmatische Beschwerden verschlimmern. Das Verbrennen von einem Gramm Räucherwerk kann doppelt so viel schädlichen Feinstaub freisetzen wie eine Zigarette. Es gibt jede Menge wissenschaftliche Studien, die sich mit den negativen Auswirkungen des Räucherns beschäftigt haben. Das ist auch nicht überraschend, wenn man sich die Bedeutung dieses Brauches in anderen Weltgegenden vor Augen führt. Was bei uns nur in den Rauhnächten Saison hat, ist anderswo täglich gelebte religiöse Praxis, zum Beispiel in weiten Teilen Asiens. Die Feinstaubbelastung bedeutet nicht zwingend, dass man das Räuchern komplett bleiben lassen sollte. Wer ein paar Mal während der Rauhnächte ein Räucherstäbchen verbrennt, muss vermutlich mit wenig negativen Konsequenzen rechnen. Da sind die Abgase der Autos, der Feinstaub aus den Kaminen oder der Rauch von Zigaretten deutlich schädlicher. Man sollte es aber mit dem Räuchern auch nicht übertreiben, vor allem wenn es in geschlossenen Räumen stattfindet. Menschen, die unter Asthma leiden, Schwangere und andere Risikogruppen werden vermutlich von selbst so klug sein, darauf zu verzichten – und alle anderen sollten zumindest regelmäßig lüften.

Das Lüften hilft allerdings auch nur, wenn von draußen nicht noch mehr Feinstaub hereinkommt. Normalerweise ist das nicht der Fall, aber rund um Silvester kann die Luft auch im Freien stark belastet sein. Denn da wird nicht nur geräuchert, sondern vor allem auch geböllert. Diese Praxis reiht sich ein in die lange Tradition des Lärms, den wir um den Jahreswechsel herum erzeugen, um böse Geister zu verscheuchen. Das Silvesterfeuerwerk hat aber schon längst nichts mehr mit Rauhnachtsritualen zu tun. Es geht dabei eher um die Ästhetik der bunten Lichter am Himmel – und um simples Krachmachen.

Die Feinstaubbelastung, die beim klassischen Räuchern lokal begrenzt ist, erstreckt sich zu Silvester auf ganze Städte. Statistiken dazu gibt es genug. Das Umweltbundesamt in Deutschland hält fest, dass jedes Jahr mehr als 2000 Tonnen Feinstaub nur durch die Feuerwerke zum Jahreswechsel in der Luft verteilt werden. Auch in Österreich ist es ähnlich, dort haben am 1. Januar 2025 immerhin 39 von 131 Messstellen eine Überschreitung des Tagesgrenzwertes gemeldet. Damit die Feuerwerksraketen nicht einfach nur krachen, sondern auch schön bunt sind, werden ihnen verschiedene metallische Partikel beigefügt, die beim Verbrennen die entsprechenden Farben erzeugen. Sie sorgen aber auch für eine metallische Komponente im Feinstaub, die ebenfalls nicht sonderlich gesund ist. Wie stark die Belastung der Luft um Silvester herum tatsächlich ist, hängt nicht nur von der Menge der Feuerwerke ab, sondern auch von der Wetterlage. Und auch wenn sich die Situation in den folgenden Tagen schnell wieder normalisiert, sind diese Spitzenwerte bei der Luftverschmutzung eigentlich unnötig (von dem Müll und der gerade für Tiere extrem unangenehmen Lärmbelästigung ganz abgesehen).

Es gibt nämlich auch Staub, der für uns völlig ungefährlich ist und Nacht für Nacht ein stilles Feuerwerk über unseren Köpfen veranstaltet. In Kapitel acht über die Kometen war bereits davon die Rede, dass das Sonnensystem aus einer großen Wolke aus Gas und Staub entstanden ist. Ein Teil dieser Staubteilchen von damals schwirrt heute immer noch zwischen den Planeten herum. Außerdem kommt immer wieder neuer dazu, zum Beispiel wenn zwei Asteroiden miteinander kollidieren oder energiereiche Strahlung der Sonne winzige Partikel aus dem Gestein der Mondoberfläche löst. Auch die Kometen sind große Staublieferanten; ihre beeindruckende Erscheinung haben sie ja nur der Tatsache zu verdanken, dass sie sich in riesige Wolken aus Gas und Staub einhüllen. Der Weltraum ist zwar weitestgehend leer, aber in dieser Leere ist es ziemlich staubig.

Während die Erde ihre Runden um die Sonne zieht, kommt ihr dabei immer wieder mal das ein oder andere kosmische Staubkorn in die Quere. Planet und Partikel treffen dabei mit Geschwindigkeiten von 11 bis 70 Kilometern pro Sekunde aufeinander. Trotz dieses hohen Tempos ist das für uns auf der Erdoberfläche völlig ungefährlich. Der Staub aus dem All trifft auf die Moleküle der Erdatmosphäre, die nicht schnell genug ausweichen können. Durch die Reibung mit der Luft verdampfen die Staubkörnchen schon 80 bis 100 Kilometer über unseren Köpfen. Bevor sie das tun, reißen sie bei ihrem rasanten Flug durch die Atmosphäre aber noch ein paar Elektronen aus den Hüllen der sie umgebenden Atome. Die holen sich diese Elektronen schnell wieder zurück – und bei diesem Vorgang wird Energie in Form von Strahlung freigesetzt. Oder anders gesagt: Bevor es verdampft, zieht das Staubkorn noch eine leuchtende Spur über den Himmel, die wir sehen können und »Sternschnuppe« nennen.

Der astronomische Fachbegriff für diese Leuchterscheinung ist übrigens »Meteor«. In jeder klaren und dunklen Nacht lassen sie sich beobachten. Man braucht vielleicht ein wenig Geduld, aber wenn man aufmerksam in den Himmel schaut, wird sich früher oder später eine Sternschnuppe zeigen. Zu bestimmten Zeiten im Jahr ist die Wartezeit sogar besonders kurz. Kometen produzieren ständig Staub, wenn das Eis unter ihrer Oberfläche in der Nähe der Sonne sublimiert. Der Staub entweicht ins All und bildet den Schweif, den der Komet hinter sich herzieht. Während er die Sonne umrundet, erzeugt er so eine regelrechte Staubspur entlang seiner Umlaufbahn. Die Partikel verteilen sich im Laufe der Zeit, aber solange der Komet regelmäßig wiederkommt, bleiben bestimmte Regionen im Weltall staubiger als andere. Und wenn die Erde diese Gegenden auf ihrer Reise um die Sonne kreuzt, gibt es auch mehr Sternschnuppen zu sehen als sonst.

Diese Sternschnuppenschauer oder »Meteorströme«, wie sie korrekt bezeichnet werden, finden darum auch immer zur selben Zeit im Jahr statt. Um den 14. Dezember herum kann man zum Beispiel die »Geminiden« beobachten. Sie heißen so, weil die Sternschnuppen alle aus der Richtung des Sternbilds Zwillinge zu kommen scheinen. Und direkt während der Rauhnächte, in der Zeit zwischen dem 28. Dezember und dem 12. Januar, sausen die »Quadrantiden« über unseren Himmel – benannt nach dem alten Sternbild des »Mauerquadranten«, das aber heute nicht mehr verwendet wird.

Meteorströme gibt es das ganze Jahr über, aber in den langen Winternächten stehen die Chancen, viele Sternschnuppen zu beobachten, besser. Mit ein bisschen Glück sieht man sogar eine »Feuerkugel«. Während die Teilchen, die eine klassische Sternschnuppe verursachen, nur ein paar Millimeter groß sind, entsteht so eine Feuerkugel aus einem Staubkörnchen, das größer als zehn Millimeter ist. Auch hier besteht keine Gefahr für uns, aber diese Brocken werden ihrem Namen durchaus gerecht. Sie erzeugen eine sehr helle Sternschnuppe, die länger am Himmel zu sehen ist und manchmal tatsächlich ein wenig wie ein Feuer zu lodern scheint. Die allermeisten Staubkörner aus dem All fallen aber völlig unbemerkt zur Erde. Sie sind so klein, dass sie in den äußersten Schichten der Atmosphäre sehr schnell abgebremst werden. Sie können dann keine Leuchtspur mehr verursachen, sondern rieseln nur noch langsam zu Boden. Pro Tag gelangen so über 100 Tonnen Staub aus dem All auf die Erde.

Wir müssen in den Nächten vor Silvester also nicht wild herumböllern. So ein Feuerwerk kann zwar durchaus ein ansprechender Anblick sein. Doch die Stille des kosmischen Feuerwerks, das jede Nacht über unseren Köpfen stattfindet, ist viel beeindruckender. Es braucht keine Raketen und keinen Lärm – der Winter wird auch so zu Ende gehen.

Ritual für die zehnte Nacht: Die Nacht der Wiederholung

Wiederholung ist ein zentrales Konzept in der Wissenschaft. Wenn etwas nur einmal passiert, lässt sich daraus nur wenig ableiten. Ein Effekt muss reproduzierbar sein, ein Experiment muss wiederholt werden können und dabei dieselben Ergebnisse liefern wie zuvor. Nur dann kann man sich sicher sein, dass man ein reales Phänomen beobachtet hat und nicht irgendein zufälliges Ereignis. Wenn wir Nacht für Nacht den Himmel scannen, entdecken wir die Muster und Rhythmen der Natur. Meteorströme wiederholen sich, aber wir müssen unsere Beobachtungen lange genug ansetzen, um das feststellen zu können.

Wiederholung kann aber auch zur Gewohnheit werden: Wir haben immer schon zu Silvester geböllert und wollen damit nicht aufhören, auch wenn wir um die negativen Auswirkungen wissen. Aber das, was man schon immer so gemacht hat, zu wiederholen, fällt uns leichter, als Neues auszuprobieren.

Nutze diese Nacht, um einige deiner Gewohnheiten zu betrachten. Schreib sie in dein Notizbuch und sei dabei ehrlich zu dir: Musst du das wirklich immer so machen oder bist du einfach nur daran gewohnt, es zu tun? Ist das Glas Wein, das du jeden Abend zum Essen trinkst, etwas, das du für dein Wohlbefinden brauchst? Oder würde sich gar nicht so viel ändern, wenn du es weglässt? Fährst du jedes Jahr an denselben Ort auf Urlaub, weil es dir dort so gut gefällt? Oder ist es dir nur zu mühsam, diese Gewohnheit zu ändern?

Gewohnheiten sind wichtig, sie geben unserem Leben einen Rahmen. Sie können uns dabei helfen, mit ungewohnten Situationen klarzukommen, und geben uns Sicherheit. In der Wissenschaft brauchen wir diese Sicherheit der Wiederholung: Nur aus dem, was sich vorhersehbar verhält, können wir Regeln und Gesetze über die Natur ableiten. Gleichzeitig können uns Gewohnheiten auch davon abhalten, etwas Neues zu entdecken, von dem wir noch gar nicht wussten, dass es existiert. In der Wissenschaft ist es in der Hinsicht genauso wie in unserem Leben: Wir müssen abwägen, welche Gewohnheiten wichtig sind und welche unsere Entwicklung behindern.

11

Die Nacht zum 31. Dezember: Wie man mit Tieren spricht

Der Wunsch, mehr über die Zukunft zu erfahren – das war das Thema von Kapitel neun, verbunden mit der Erkenntnis, dass wir Menschen uns erstaunlich schwertun, verlässliche Informationen zu kommenden Ereignissen zu finden. Aber vielleicht können die Tiere das ja besser als wir? Denn, so sagt die Tradition: Wer in den Rauhnächten um Mitternacht in den Ställen die Tiere belauscht, kann ihre Sprache verstehen.

Und praktischerweise führen die Tiere dann auch keinen langweiligen Small Talk, sondern verkünden, was die Zukunft bringt. Das einzige Problem an der Sache: Wer ihnen bei ihren Prognosen zuhört, wird diese Zukunft nicht mehr erleben, sondern muss sterben. Das Belauschen der Tiere in einer Rauhnacht ist also ein eher unpraktischer Weg, um herauszufinden, was das neue Jahr bringt. Die Sprache der Tiere verstehen zu können, wäre dagegen durchaus praktisch. Verständlich also, dass sich die Wissenschaft, und überraschenderweise auch die Astronomie, schon lange mit genau diesem Thema beschäftigt.

Was mit der »Sprache der Tiere« genau gemeint ist,

ist allerdings gar nicht so leicht zu definieren. Dass die meisten Tiere miteinander kommunizieren, liegt auf der Hand. Sie nutzen dafür ganz unterschiedliche Methoden. Bienen führen einen Tanz auf, um ihren Kolleginnen zu zeigen, wo es gute Pollen zu sammeln gibt. Tintenfische verändern Muster und Farbe ihrer Haut. Glühwürmchen geben Lichtsignale, der Zitteraal sendet elektrische Ströme aus und selbst Mikroorganismen können durch den Austausch chemischer Stoffe miteinander kommunizieren. Und dann sind da noch all die anderen Tiere, die – wie wir Menschen – vor allem durch akustische Lautäußerungen in Kontakt treten. Vögel singen, Hunde bellen, Löwen brüllen. Aber ist das wirklich vergleichbar mit dem, was wir Menschen als »Sprache« bezeichnen? Und vor allem: Können wir auf sinnvolle Weise mit den Tieren in Kontakt treten?

Die Antwort auf die letzte Frage lautet mit Sicherheit »Ja«. Wer je einen Hund als Haustier hatte, weiß, dass man ihm durchaus beibringen kann, auf sprachliche Kommandos zu reagieren. Das Verhalten und Bellen des Hundes korrekt zu interpretieren, ist aber schon um einiges schwieriger. Ein echtes »Gespräch« zwischen Mensch und Hund ist unmöglich. Bei unseren nächsten Verwandten sind die Erfolgsaussichten deutlich größer. Das berühmteste Beispiel dafür ist das Gorilla-Weibchen »Koko«, dem die amerikanische Psychologin Francine Patterson an der Universität Stanford beigebracht hat, in einer für diesen Zweck modifizierten Gebärdensprache zu kommunizieren. Koko soll über 1000 Zeichen beherrscht und circa 2000 englische Wörter verstanden haben. Das klingt nach wenig, entspricht aber dem normalen Alltagswortschatz von uns Menschen. Koko war unbestritten ein extrem schlaues Tier, aber wie »menschlich« die Kommunikation mit dem Gorilla tatsächlich war, ist umstritten. Patterson hat ihre Daten leider nicht öffentlich zugänglich gemacht, weswegen andere Wissenschaftlerinnen und Wissenschaftler vermuten, dass man es zum Teil auch mit dem »Klugen-Hans-Effekt« zu tun gehabt haben könnte.

Der Kluge Hans war kein Menschenaffe, sondern ein Pferd aus Deutschland, das zu Beginn des 20. Jahrhunderts viel Aufsehen erregt hat. Es konnte nämlich rechnen und buchstabieren. Das zumindest hat sein Besitzer Wilhelm von Osten behauptet und auch bereitwillig demonstriert. Sprechen konnte Hans natürlich nicht, aber er war in der Lage, die Antwort auf Rechenaufgaben durch Klopfen mit seinen Hufen anzugeben. Dabei lag das Pferd so oft richtig, dass seine Fähigkeiten sogar von einer wissenschaftlichen Kommission geprüft wurden. Es konnten zunächst keine Hinweise auf Betrug oder Tricksereien entdeckt werden, aber 1904 war die Sache dann klar: Hans konnte nicht rechnen, war aber sehr gut darin, die Menschen in seiner Umgebung zu beobachten. Er muss gelernt haben, die Körpersprache seines Besitzers zu interpretieren. Wilhelm von Osten wusste selbstverständlich die Antwort auf die Rechenaufgaben, die er seinem Pferd stellte. Hans wusste, dass er auf ein bestimmtes Kommando mit dem Klopfen der Hufe beginnen sollte. Das tat er so lange, bis er die unbewusste Spannung in von Ostens Körper und Miene beobachten konnte, die darauf hinwies, dass mit dem nächsten Klopfen das richtige Ergebnis erreicht würde, woraufhin Hans das Klopfen einstellte. Wurde die Rechenaufgabe hingegen von einer Person gestellt, die die Antwort selbst nicht kannte, war das Pferd ebenso wenig in der Lage, sie korrekt zu geben.

Der »Kluge Hans« konnte nicht rechnen – war aber alles andere als dumm. Die Tatsache, dass das Pferd auf die subtile, unbewusste Körpersprache seines Publikums reagieren konnte, ist höchst beeindruckend. Die Geschichte zeigt aber auch, wie schwierig jede Kommunikation zwischen Mensch und Tier ist. Verstehen wir wirklich, was unsere Katze von uns möchte oder was unser Hund uns zeigen will? Oder sehen wir nur das, was wir sehen wollen? Beeinflussen wir die Kommunikation unbewusst in eine bestimmte Richtung? Wie können wir überhaupt sicher sein, dass eine echte Kommunikation stattgefunden hat? Diese Frage ist nicht nur in der Psychologie, der Verhaltensbiologie und der Erforschung tierischer Sprache von Bedeutung. Sie hat auch eine Gruppe von Menschen beschäftigt, die sich 1961 am Green-Bank-Radioteleskop in West Virgina trafen.

Ihre Versammlung war nicht geheim, aber man trat das Thema der Veranstaltung auch nicht groß in der

Öffentlichkeit breit. Die zehn Männer, die an diesem Halloween-Abend in der Abgeschiedenheit des Radio-Observatoriums zusammenkamen, wollten über außerirdisches Leben sprechen. Gibt es irgendwo dort draußen intelligente Aliens – und wenn ja, wie kann man sie kontaktieren und mit ihnen sprechen? Es waren keine Spinner, die sich in Green Bank versammelt hatten, sondern renommierte Wissenschaftler, die im Auftrag der NASA arbeiteten. Einer von ihnen war der amerikanische Biochemiker Melvin Calvin, der während dieses Treffens erfuhr, dass er den Chemie-Nobelpreis für seine Erforschung der Fotosynthese bei Pflanzen gewonnen hatte. Ein anderer war der chinesisch-amerikanische Astronom Su-Shu Huang, der sich als Erster mit dem Konzept der »habitablen Zone« beschäftigt hat, also der Frage nachgegangen war, wo es in einem Sonnensystem überhaupt die Möglichkeiten für Leben geben kann. Mit dabei waren außerdem der Ingenieur Bernard Oliver, einer der Pioniere der frühen Computerforschung, und der Astronom Otto Struve, der unter anderem Experte für Radioastronomie war. Und dann war da noch John Lilly. Er beschäftigte sich mit Psychologie, dem menschlichen Bewusstsein und mit der nicht menschlichen Intelligenz. Damit hat er aber keine Aliens gemeint – sondern Delfine. Er war beeindruckt von den Fähigkeiten dieser Tiere und versuchte nicht nur, mit ihnen zu kommunizieren, sondern auch, ihnen das Sprechen beizubringen.

Lilly hatte schon in den 1950er-Jahren damit begonnen, Delfine zu erforschen. Seine Forschungsobjekte kamen aus den »Marine Studios« in Florida, woher übrigens auch der bekannteste schlaue Delfin stammt: Flipper, aus der gleichnamigen Fernsehserie. Lilly erforschte die Kommunikation der Delfine untereinander und war überzeugt, dass sie mit ihren Lauten auch in der Lage sein müssten, Worte der englischen Sprache zu formen. In 10 bis 20 Jahren würden Menschen und Delfine in der Lage sein, miteinander zu reden. Das war das Ziel von Lillys Forschung, das er auch öffentlich äußerte. Seine Kollegen in Green Bank waren von dieser Arbeit und Aussicht so begeistert, dass sie ihrer informellen Gruppe den Namen »Order of the Dolphin« gaben. Außerdem begann die NASA nun, Lillys Forschung zu finanzieren. Denn wenn wir lernen könnten, mit Delfinen zu sprechen, dann würden wir auch sehr viel besser verstehen, wie die Kommunikation mit anderen nicht menschlichen und außerirdischen Intelligenzen funktionieren könnte.

Dieses Ziel hat sich die NASA einige Millionen Dollar kosten lassen, mit denen Lilly ein Forschungszentrum auf der Karibikinsel St. Thomas gebaut hat. Dort lebten drei Delfine, denen er die menschliche Sprache beibringen wollte. Unterstützt wurde er dabei auch von Margaret Lovatt. Sie hatte keine wissenschaftliche Ausbildung, lebte damals aber auf St. Thomas und interessierte sich für die Delfinforschung in ihrer Nachbarschaft. Ihre fehlende Ausbildung machte sie durch Enthusiasmus wett und sie schloss sich dem Projekt als Freiwillige an. Ihre Arbeit ging aber weit über simple Hilfsdienste hinaus. Das »Dolphinarium«, das Lilly dort baute, war eine Mischung aus Aquarium und Wohnhaus. Lovatt zog dort ein und lebte gemeinsam mit den Delfinen. Selbst ihre Schlaf- und Wohnräume waren von Wasser bedeckt, sodass sie jederzeit bei ihren Delfinen sein konnte. Sie wollte ihnen das Sprechen so beibringen, wie es eine Mutter bei ihren Kindern macht, durch ständigen Kontakt und ausführliches Training.

Der Erfolg ließ aber auf sich warten. Lilly versuchte, den Prozess mit dem Einsatz psychedelischer Substanzen zu beschleunigen. Er verabreichte den Delfinen LSD, was aber nicht die gewünschten Effekte hatte. Lillys exzentrische Methoden, sein Einsatz von Drogen und seine Nähe zur esoterisch angehauchten Hippie-Szene der 1960er-Jahre, vor allem aber die anhaltende Erfolglosigkeit seiner Forschung führten 1965 zum Ende der Finanzierung durch die NASA. Bis heute ist es uns nicht gelungen, mit Delfinen zu sprechen (und die Kontaktaufnahme mit Aliens lässt auch noch auf sich warten).

Wir teilen uns die Welt mit den Tieren und wollen sie verstehen. Sie sind wichtig für uns; heute vor allem als Haustiere. Mit der Nutztierhaltung kommen wir meistens nicht mehr in Kontakt und sehen nur noch die fertigen Produkte im Supermarkt, deren Ursprung als lebendige Wesen wir gut ignorieren können. Früher war der Kontakt zwischen Mensch und (Nutz-)Tier deutlich stärker und das Wohlergehen von Schweinen, Pferden, Rindern und anderem Kleinvieh war zentral für das Wohlergehen der Menschen. Darum wurden die Schutzrituale der Rauhnächte auch auf die Tiere ausgeweitet: Man hat nicht nur Wohnhäuser, sondern selbstverständlich auch die Ställe geräuchert, um das Vieh vor dem Einfluss böser Geister zu schützen. Aber egal ob als Grundlage für unsere Nahrung oder als Freunde und Begleiter im Leben: Tiere sind uns nahe und es ist nur verständlich, dass wir den Wunsch haben, mit ihnen zu kommunizieren. Die Wissenschaft wird bei der Erforschung der Tierkommunikation mit Sicherheit weiter Fortschritte machen. Ob wir uns aber jemals so mit einem Tier unterhalten können, wie wir es mit einem anderen Menschen tun, ist zweifelhaft. Aber zum Glück kann man sich manchmal auch ohne Worte gut verstehen.

Ritual für die elfte Nacht: Die Nacht der Quellen

Es gibt viele Menschen, die mit Tieren sprechen. Es gibt allerdings auch einige, die behaupten, sie könnten tatsächlich auf dieselbe Weise mit ihnen kommunizieren, wie es Menschen untereinander tun. Da wird dann zum Beispiel erzählt, man könne telepathisch mit dem Haustier Kontakt aufnehmen und so herausfinden, was Hund oder Katze wirklich fehlt. Und es gibt übrigens auch erstaunlich viele Menschen, die – ebenfalls meist telepathisch – angeblich in intensivem Kontakt mit Außerirdischen stehen. Aber, und das ist die wirklich wichtige Frage: Können wir solchen Aussagen vertrauen?

Nur weil jemand etwas sagt, muss es ja noch lange nicht stimmen. Das gilt im Leben ebenso wie in der Wissenschaft. Aber auch die Forschung kann nicht jedes Mal alles von Grund auf neu herausfinden. Auch hier muss man sich auf das berufen, was andere vor einem entdeckt haben. Man muss darauf vertrauen, dass die Forscherinnen und Forscher, auf deren Arbeit man aufbaut, keinen Quatsch gemacht haben. Dieses Vertrauen ist in der Wissenschaft nicht so einfach zu gewinnen. Ich habe in den vergangenen Kapiteln schon vom »Peer Review«-Prozess erzählt, bei dem jede Publikation vor der Veröffentlichung ausführlich geprüft wird. Aber auch danach herrscht kein blindes Vertrauen. Es war auch bereits von der Bedeutung der Falsifikation die Rede und davon, dass die Wissenschaft Aussagen nur innerhalb der Grenzen konkreter Modelle treffen kann. Es wird immer wieder versucht, bestehende Ergebnisse zu reproduzieren; man bemüht sich, Modelle zu erweitern und damit auch alte Hypothesen zu ersetzen. In der Wissenschaft muss man einander vertrauen, aber es herrscht auch ein gesunder Skeptizismus. Selbst wenn die Aussagen von bedeutenden Menschen stammen, glaubt man sie nicht einfach so.

Nehmen wir zum Beispiel Gottfried Wilhelm Leibniz. Der Universalgelehrte aus dem 17. Jahrhundert hat sich mit Mathematik beschäftigt, mit mechanischen Rechenmaschinen und Physik. Er hat Höhlen erforscht, den Binärcode erfunden und Geschichtsforschung betrieben. Er war aber auch Sprachwissenschaftler und Philosoph und unter anderem daran interessiert, wie Tiere sprechen und ob sie eine Seele haben können. 1713 schrieb ihm der Herzog von Sachsen-Zeitz, dass in der Nähe von Leipzig ein Hund leben würde, der mehr als 50 Worte sprechen kann. Leibniz sah sich das an und hat später der Pariser Akademie der Wissenschaft berichtet, der sprechende Hund habe unter anderem die Wörter »Tee«, »Kaffee« und »Schokolade« von sich gegeben (allerdings auch nur, wenn ihm seine Hundehalterin die Worte zuvor vorgesprochen habe). Ob er wirklich ernsthaft von der Existenz eines auf menschliche Weise sprechenden Tiers überzeugt war, darf bezweifelt werden. Heute aber geht mit Sicherheit niemand davon aus, dass Leibniz einen sprechenden Hund entdeckt hat. Da helfen auch seine restlichen *wissenschaftlichen Meriten nicht: In diesem Fall fehlt das Vertrauen. Es reicht nicht, dass es eine Quelle für die Geschichte über den sprechenden Hund gibt.* Quatsch bleibt Quatsch, auch wenn er aufgeschrieben wird.*

Du kannst das wissenschaftliche Wechselspiel aus Zweifel und Vertrauen für ein »Ritual« nutzen, um deine eigenen Überzeugungen zu überprüfen. Wähle eine Information aus, von der du überzeugt bist, dass sie korrekt ist. Schreib sie in dein Notizbuch und überlege dir dann genau, woher du das eigentlich weißt. Vielleicht »weißt« du, dass man nicht in die Nachbarstadt fahren kann, weil dort die Kriminalität so hoch ist. Oder du bist dir sicher, dass man im Sommer lieber auf Sonnencreme verzichten soll, weil sie schädlich ist. Oder vielleicht denkst du auch nur, dass man lieber nicht in das neue Restaurant gehen soll, weil die Küche dort schlecht ist. Egal ob es eine triviale oder für dich wichtige Information ist, überlege dir, woher sie stammt. Hat dir jemand davon erzählt? Hast du es irgendwo gelesen oder vielleicht selbst erlebt oder erfahren? Suche nach Möglichkeiten, diese Information unabhängig zu überprüfen. Welche Quellen findest du dabei? Könntest du damit einen Menschen überzeugen,

* *Man kann darüber in »Exposé d'une lettre de Mr. Leibniz à l'Abbé de St. Pierre, sur un chien qui parle« nachlesen, im Jahrgang 1715 der* Histoire de l'Académie Royale des Sciences. *Oder, etwas einfacher zugänglich, in dem Fachartikel »Leibniz on the Unicorn and Various Other Curiosities« von Roger Ariew, in* Early Science and Medicine, *Band 3 von 1998.*

der anderer Meinung ist als du? Überlege dir, was echte, überprüfbare und nachvollziehbare Information ist und was du bisher einfach nur so angenommen hast. Nur weil dir etwas bis jetzt immer plausibel vorgekommen ist, bedeutet das nicht, dass es auch richtig sein muss.

12

Die Nacht zum 1. Januar: Die Komplexität des Jahreswechsels

Mit der Nacht zum 1. Januar geht das Jahr zu Ende. Punkt Mitternacht endet das alte Jahr und wir feiern mit Sekt, Feuerwerk und Glockengeläute, dass eine neue Runde um die Sonne begonnen hat. Aus astronomischer Sicht ist allerdings weder der 31. Dezember noch der 1. Januar bemerkenswert. In den vergangenen Kapiteln habe ich von der Bewegung von Sonne und Erde erzählt und davon, wie die Menschen schon vor Jahrtausenden in der Lage waren, die grundlegenden Rhythmen der Natur zu entschlüsseln. Sie haben die Äquinoktien und Solstitien beobachtet, also die Tagundnachtgleichen und die Wendepunkte, an denen die Sonne ihren jährlichen Höchst- beziehungsweise Tiefststand an unserem Himmel erreicht. Mit diesen vier Markierungen kann man den Lauf des Jahres in Frühling, Sommer, Herbst und Winter einteilen.

Die Bewegungen von Sonne und Mond liefern die Grundlage für den Kalender und es erscheint seltsam, dass wir ihn heute an einem Tag beginnen lassen, der keine astronomische Bedeutung hat. Es wäre doch eigentlich viel sinnvoller, wenn wir das Jahr zum Beispiel mit der Wintersonnenwende starten lassen würden. Die Zeit der Dunkelheit ist vorbei und das Licht kehrt zurück: Das ist ein deutliches Symbol für das Ende des Alten und den Beginn des Neuen. Noch besser würde der Wechsel vom Winter in den Frühling passen. Zur Sonnenwende im Dezember ist das Erwachen der Natur nur ein fernes Versprechen, aber wenn der Schnee dann geschmolzen ist und die Pflanzen wieder zu blühen beginnen, kann man den Neuanfang überall sehen. Und tatsächlich ließ der römische Kalender, der die Grundlage für unsere moderne Zeitmessung ist, das Jahr auch im März beginnen. Der letzte Monat des Jahres war nicht der Dezember, sondern der Februar. Das erkennt man auch am Namen: »Dezember« kommt vom lateinischen Wort »decem«, was »zehn« bedeutet und den zehnten Monat des Jahres beschreibt (und September, Oktober und November leiten sich von den Zahlwörtern für sieben, acht und neun ab). Da, wie ich es in Kapitel eins beschrieben habe, alle paar Jahre ein Schaltmonat nötig war, um die Diskrepanz zwischen Mond- und Sonnenjahr auszugleichen, steckte man diese zusätzlichen Tage in den Februar. Das Jahr begann mit dem 1. März, dem Frühlingsmonat, in dem die Natur erwacht und mit der Aussaat begonnen werden kann.

Dann aber kam das Jahr 153 v. Chr. – und eine zunächst unwesentlich erscheinende Veränderung, die schließlich unsere Vorstellung von Anfang und Ende grundlegend auf den Kopf stellte. Der 1. Januar wurde als Neujahrstag festgelegt. Aber eigentlich beginnt diese Geschichte schon ein Jahr früher, ein Stück nordwestlich von Rom. Dort, wo heute Spanien und Portugal sind, lebten damals die Stämme der Keltiberer. Es ist historisch unklar, ob sich diese Völker wirklich aus einer Vermischung von Kelten und Iberern (die vor den Römern, Germanen und Kelten auf der Iberischen Halbinsel gelebt haben) stammen oder ob diese beiden Gruppen nebeneinander lebten. Nicht umstritten ist allerdings, dass einige dieser Stämme im Jahr 154 v. Chr. keine Lust mehr hatten, vom römischen Imperium beherrscht zu werden. Es gab einen Aufstand, dem sich die Lusitaner, die damaligen Einwohner Portugals, anschlossen. Krieg und aufrührerische Provinzen waren für das Römische Reich nichts Neues. Aber dort, wo es jetzt rumorte, war es jahrzehntelang ruhig gewesen, und man wollte den – aus römischer Sicht – Normalzustand schnell wiederherstellen. Der römische Senat schickte also nicht irgendeinen Feldherrn zu den Keltiberern, sondern den Chef. Oder besser gesagt: einen der beiden Chefs. Oder noch besser gesagt: einen Konsul.

Ich möchte hier nicht die Details der römischen Geschichte ausbreiten. Aber auch wenn wir uns heute meist eher an die römischen Kaiser wie Augustus oder Konstantin erinnern, war Rom lange Zeit eine Republik. Natürlich hatte das noch wenig mit einer modernen Demokratie zu tun; mit Wahlrecht für alle und so weiter. Aber es gab einen Senat und es wurden regelmäßig Konsuln gewählt, das höchste zivile und militärische Amt, das man in Rom erhalten konnte. Jedes Jahr wählte man zwei davon und sie traten ihr Amt selbstverständlich mit Jahresbeginn am 1. März an. Im Jahr 153 v. Chr. war das aber ein Problem. Im März wäre das Jahr schon viel zu weit fortgeschritten, um mit der Planung eines Krieges gegen die Keltiberer zu beginnen. Dann wäre man frühestens im Juni in den aufständischen Provinzen angekommen. Quintus Fulvius Nobilior, einer der beiden für dieses Jahr bestimmten Konsuln und derjenige, der mit ein paar Legionen nach Hispanien marschieren sollte, musste also schon früher im Jahr mit den Vorbereitungen beginnen und sich auf den Weg machen. Damit er das mit der nötigen Legitimation tun konnte, hat der Senat den Amtsantritt kurzerhand auf den 1. Januar vorverlegt. Und weil sich das als praktisch erwies, hat man diesen frühen Termin beibehalten.

Eine Zeit lang gab es den »bürokratischen« Jahresanfang für die Konsuln am 1. Januar und das »echte« Neujahr am 1. März. Aber dann reformierte Julius Cäsar im Jahr 45 v. Chr. den Kalender und verfügte, dass das Jahr für alle im Januar beginnen solle. Die Schalttage hat er aber weiterhin dort belassen, wo sie auch vorher schon waren, nämlich am früheren Jahresende im Februar. Deswegen haben wir auch heute noch ab und zu einen 29. Februar und nicht etwa einen 32. Dezember.

Als sich das Christentum in den kommenden Jahrhunderten in Europa ausbreitete, begann man allerdings, den Jahresbeginn am 25. Dezember beziehungsweise am 6. Januar zu feiern. Das aus christlicher Sicht viel wichtigere Fest war ohnehin Ostern – und dieser Umstand hat uns die vorerst letzte große Kalenderreform beschert. Ostern findet ja, im Gegensatz zu Weihnachten, nicht immer am selben Tag des Jahres statt. Es ist ein bewegliches Fest und das genaue Datum hängt von den Mondphasen und dem Termin für den Frühlingsbeginn ab. Offiziell wird Ostern am ersten Sonntag nach dem ersten Vollmond im Frühling gefeiert und es ist erstaunlich kompliziert, dieses Datum korrekt zu berechnen (im Mittelalter war das sogar eine eigene mathematische Disziplin, die »Komputistik«). Um die Sache ein wenig einfacher zu gestalten, hat man den Tag der Frühlingstagundnachtgleiche auf den 21. März fixiert, was aber im Laufe der Zeit zu Problemen geführt hat. Der Kalender von Julius Cäsar war zwar genauer als sein Vorläufer, aber die Regeln, nach denen die Schalttage eingefügt werden, waren immer noch ein wenig ungenau. Das hat dazu geführt, dass sich der reale Frühlingsbeginn immer mehr vom kalendarischen 21. März entfernt hat. Im 16. Jahrhundert zeigte der julianische Kalender zur astronomischen Frühlingstagundnachtgleiche den 11. März an – und damit verschob sich natürlich auch der Ostersonntag immer weiter. Unter Papst Gregor XIII. ging man dieses Problem deswegen mit einem radikalen Ansatz an. Zuerst einmal änderte man die Regeln für die Einführung von Schalttagen so, wie wir sie auch heute noch nutzen, um zu verhindern, dass sich irgendwann wieder alles verschiebt. Und um den Kalender wieder mit der realen Bewegung der Himmelskörper in Einklang zu bringen, ließ man einfach zehn Tage ausfallen. Auf Donnerstag, den 4. Oktober 1582, folgte direkt der 15. Oktober 1582.

Damit war das Kalender-Problem gelöst, aber unter den Christinnen und Christen gab es noch immer viele Menschen, die sich nicht an den 1. Januar als Jahresanfang halten wollten. Es brauchte ein weiteres päpstliches Machtwort: Im Jahr 1691 legte Innozenz XII. fest, dass der 31. Dezember der letzte Tag des Jahres zu sein habe und der 1. Januar der erste Tag des neuen Jahres.

Und da stehen wir heute noch: Wir feiern am 1. Januar den Beginn eines neuen Jahres, weil vor mehr als 2000 Jahren ein paar Kelten auf der iberischen Halbinsel aufsässig wurden und das Römische Reich deswegen den Dienstantritt seiner Beamten verschieben musste. Wenn man die Sache so betrachtet, erscheint es seltsam, dass wir dem Neujahrstag so viel Bedeutung zumessen. Dass wir ein Jahr gerade da beenden und nicht irgendwann anders, ist das Resultat einer Kette historischer Zufälle.

Ritual für die zwölfte Nacht: Das Ritual der Komplexität

Nutze diese letzte Nacht des Jahres, um über die komplexe Verknüpfung von Ereignissen nachzudenken, die dich dorthin gebracht haben, wo du jetzt bist. Wenn du deine Vergangenheit genau analysierst, wirst du vielleicht überrascht sein, welche Zufälle eine Rolle bei der Gestaltung deiner Gegenwart gespielt haben.

Hier ist ein Beispiel aus meinem Leben: Ich lebe zur Zeit in der österreichischen Kleinstadt Baden bei Wien und bin seit drei Jahren glücklich verheiratet. Meine Frau kommt aus Baden und ich habe sie kennengelernt, als ich vor einigen Jahren gerade mit dem Zug in Österreich unterwegs war. Damals habe ich noch in Deutschland gelebt, und wäre das nicht so gewesen, dann wäre ich auch nicht mit dem Zug nach Österreich gefahren und wir hätten uns nicht getroffen. Nach Deutschland bin ich nach meinem Studium gezogen, um dort eine Stelle als Astronom an der Universität Jena anzutreten. Diese Stelle habe ich bekommen, weil ein Professor aus Russland damals eine neue Arbeitsgruppe aufgebaut und Leute dafür gesucht hat. Er hat sich daran erinnert, auf einer Konferenz in Potsdam ein paar Jahre davor einen Kollegen getroffen zu haben, der sich mit den passenden Themen beschäftigt hat. Dieser Kollege war mein Doktorvater von der Universität Wien, der mich für die Stelle empfohlen hat. Und mein Doktorvater war nur deswegen auf dieser Konferenz, weil ihn ein anderer seiner früheren Studenten dorthin eingeladen hat, der mittlerweile in Potsdam arbeitete und die Konferenz veranstaltet hat. Hier lasse ich die Kette abbrechen, denn um das alles noch weiter in die Vergangenheit zu verfolgen, müsste ich herausfinden, was dazu geführt hat, dass der ehemalige Student meines Doktorvaters nach Potsdam ging. Ich müsste die Ereignisse entwirren, die meinen Doktorvater in den 1960er-Jahren dazu gebracht haben, Astronomie zu studieren. Und so weiter: Es waren unzählige Kleinigkeiten, die mich dorthin gebracht haben, wo ich heute bin, genau so, wie es jede Menge historische Zufälle waren, die dazu geführt haben, dass unser Jahr am 1. Januar beginnt. Wäre irgendetwas davon nicht oder anders passiert, wäre vermutlich auch mein Leben völlig anders verlaufen.

Angesichts dieser Komplexität kann man ein wenig den Mut verlieren. Man könnte meinen, wir rasen völlig ungesteuert durchs Leben, ohne Einfluss auf unsere Zukunft zu haben. Aber das ist ebenso falsch wie die Vorstellung, dass wir alles komplett unter Kontrolle hätten. Denke über deine Vergangenheit nach und notiere dir, was dein Leben bisher gestaltet hat. Was hat dazu geführt, dass die Dinge so sind, wie sie sind? Was davon konntest du beeinflussen und was nicht? Finde die Fähigkeiten, die dir in der Vergangenheit dabei geholfen haben, dein Leben in die richtige Richtung zu steuern. Nutze diese Einsicht, um über die Zukunft nachzudenken. Das neue Jahr wird genauso verwirrend und komplex werden wie das alte. Es werden Dinge passieren, auf die du keinen Einfluss hast. Jeder Aspekt unseres Lebens ist das Resultat einer enorm komplexen Kette an Ereignissen, die sich weit in unsere Vergangenheit erstrecken. Und was für die Vergangenheit gilt, gilt auch für die Zukunft, nur dass wir hier noch nicht wissen, was uns passieren und wohin es führen wird. Wenn wir wissen wollen, was die Zukunft bringt, ist es fast unmöglich, genau die Kette an Ereignissen vorauszusehen, die uns dahin bringt, wo wir hinwollen. Wir können uns anstrengen, ein bestimmtes Ziel zu erreichen, und das sollten wir auch. Aber es gibt keine Sicherheit, dass es nicht vielleicht doch anders kommt – vielleicht sogar besser, als wir uns es vorgestellt haben.

Die beste Chance auf eine Zukunft, so wie wir sie wollen, ist ein möglichst klarer, unverstellter Blick auf unsere Vergangenheit. Wir müssen die Welt (und uns selbst) so sehen, wie sie wirklich ist, und nicht so, wie wir es uns wünschen. Erinnere dich an die restlichen »Rituale« in diesem Buch. Sie waren keine magischen Rezepte oder Zaubersprüche, sondern sind Teil der wissenschaftlichen Methode – der bisher beste Weg, den wir Menschen gefunden haben, um die Welt zu verstehen und zu gestalten.

In der ersten Nacht hast du gelernt, die Welt zu beobachten, ohne sie dabei zu deuten. In der zweiten Nacht hast du die Unsicherheit akzeptiert, die deine Wahrnehmung der Welt zwangsläufig beinhaltet. In der dritten Nacht hast du Hypothesen von Glaube unterschieden und in der vierten Nacht herausgefunden, wie man Aussagen überprüft. Die fünfte Nacht hat dir den Wert des Wartens für den Erkenntnisgewinn gezeigt und die sechste Nacht die Bedeutung von Faszination und Staunen. Die siebte Nacht hat dir vor Augen geführt, wie wichtig Zahlen für einen klaren Blick auf die Welt sind, und die achte Nacht, warum es wichtig ist, Aussagen widerlegen zu können. In der neunten Nacht hast du gelernt, wie Weltbilder die Komplexität reduzieren, und in der zehnten Nacht hast du dich mit Gewohnheiten und der Reproduzierbarkeit von Ereignissen beschäftigt. Die elfte Nacht hat dir gezeigt, wie du den Wert bestehender Informationen einschätzen kannst – und zusammen mit dem Verständnis der Komplexität aus dieser letzten Nacht der Rauhnächte bist du nun bestens gerüstet, um es mit deiner eigenen Zukunft aufzunehmen.

Das neue Jahr wird ebenso verwirrend und komplex werden wie das alte. Aber wenn du der Zukunft mit klaren Gedanken begegnest und dem Wissen, was du beeinflussen kannst und was nicht; wenn du dich nicht von reinem Wunschdenken ablenken lässt und darauf hoffst, dass die Dinge sich auf irgendeine magische Weise von selbst regeln: Dann kann ich dir immer noch nicht versprechen, dass das neue Jahr so wird, wie du es möchtest. Aber du wirst die Welt auf jeden Fall besser verstanden haben als vorher.

Epilog

Ich bin Wissenschaftler und aus rein wissenschaftlicher Sicht kann ich mit den Rauhnächten eigentlich herzlich wenig anfangen. Oder besser gesagt: Ich kann mit der modernen Interpretation der Rauhnächte nichts anfangen. Da geht es meist nur um Selbstoptimierung. Das ist an sich nicht verwerflich. Aber die Ratschläge, die man dort antrifft, basieren auf magischem Wunschdenken – und auf diese Weise funktioniert die Welt leider nicht. Nur weil wir eine Veränderung wirklich wollen, tritt sie noch lange nicht ein. Wer Wandel will, muss selbst dafür sorgen; und wenn wir eine sinnvolle und nachhaltige Veränderung anstreben, müssen wir zunächst verstehen, wie die Welt funktioniert. Dabei hilft uns der klare Blick der Wissenschaft. In diesem Buch habe ich versucht, diese Methode mit der Tradition der Rauhnächte zu verknüpfen. Eine besondere Rolle spielte dabei die Astronomie – denn die Rauhnächte sind tatsächlich voll davon. Selbst wenn ich kein Astronom wäre, würde ich fest zu der Aussage stehen, dass Astronomie überall ist – und gerade die Zeit zwischen den Jahren eignet sich besonders gut, um sich mit der engen Verbindung zwischen uns Menschen und dem Universum zu beschäftigen.

Die Rauhnächte sind ein Resultat dieser Beziehung. Es gibt sie, weil wir den Blick schon immer nach oben gerichtet haben, um zu verstehen, was am Himmel vor sich geht. Bis vor wenigen Jahrzehnten hatten wir keine Ahnung von den realen Abläufen (und wir wissen auch heute noch bei Weitem nicht alles). Wir wussten nichts von Schwarzen Löchern, von den Vorgängen im Inneren der Sterne oder den unvorstellbaren Ausmaßen des Kosmos. Wir hatten keine Ahnung, wie es auf der Oberfläche des Mars aussieht, wie die Erde entstanden ist oder warum die Sonne leuchtet. Unser Wissen über das Universum ist jung, aber uns war dennoch schon vor Tausenden von Jahren klar, dass die Lichter am Himmel von Bedeutung für uns sind. Schon die Babylonier haben entdeckt, dass ihre Bewegung nicht zufällig ist, sondern Mustern folgt. Der Lauf von Sonne und Mond macht die Zeit für uns seit jeher fassbar und verständlich. Wir haben den Wechsel der Jahreszeiten verstanden, die Rhythmen der Natur und dadurch sukzessive das Gefühl bekommen, den Wirren der Welt nicht schutzlos ausgeliefert zu sein. Die Beobachtung des Himmels gibt uns Kontrolle über die Zeit und unser Leben. Die Traditionen der Rauhnächte sind ein heute noch erlebbares Resultat dieser frühen Beschäftigung mit dem Kosmos.

Wir wissen heute, dass es keine bösen Geister gibt, die in der Zeit zwischen den Jahren ihr Unwesen treiben. Es gibt keine Wilde Jagd, die über den Himmel reitet, und keine Frau Perchta, die uns bestraft. Wir können unsere

Wäsche auch in den Rauhnächten ohne böse Folgen waschen und der Frühling wird kommen, auch wenn wir die Rituale des Winteraustreibens vernachlässigen. Aber wir können die Rauhnächte dennoch als das sehen, was sie sind – eine wilde Mischung aus sehr alten und etwas neueren Traditionen, die zeigen, wie wir Menschen mit unserem Wissen und Unwissen über das Universum umgegangen sind.

Was wir herausgefunden haben, haben wir in Rituale übersetzt, ebenso wie die Angst vor dem Unbekannten und Unverstandenen. Aus den Ritualen wurde Brauchtum und das Brauchtum veränderte sich mit der Zeit, je nach den gesellschaftlichen Kontexten, in denen es gepflegt wurde. Die Traditionen gehören uns Menschen und wir gestalten sie nach unseren Bedürfnissen. Dieses Buch über die Astronomie der Rauhnächte ist mein persönlicher Versuch, einen neuen und gleichzeitig sehr alten Blick auf diese speziellen Traditionen zu werfen. Die Rauhnächte sind ein letzter Rest einer lang verschwundenen Vergangenheit, in der die Menschen nach einer Verbindung zwischen sich und dem Kosmos gesucht haben. Diese Suche ist Teil unseres Menschseins und sollte nicht aufgegeben werden, nur weil sich unser Wissen über die Welt verändert hat. Wir sind und waren immer schon ein Teil des Universums und das Universum ist ein Teil von uns.

Dank

Mein erster Dank gilt wie immer meiner Lektorin Annika Domainko. Sie hat nicht nur ein weiteres Mal dafür gesorgt, dass dieses Buch sehr viel besser geworden ist, als es ohne sie geworden wäre. Ohne sie wäre dieses Buch auch nie entstanden. Annika hat den Verlag davon überzeugt, aus einer Idee, die ursprünglich nur als Scherz gedacht war, dieses Buch zu machen, das nun tatsächlich existiert.

Genauso wenig hätte ich das Buch ohne die Unterstützung meiner Frau Eva schreiben können. Sie hat mir geholfen, die Zeit zu finden, um mit dem Schreiben zu beginnen, und den Rückhalt gegeben, um es auch zu Ende zu führen. Wie so vieles in meinem Leben wäre auch dieses Projekt nicht ohne sie möglich gewesen.

Claudia Frick hat mich mit ihrer Expertise bei allen meteorologischen Fragen unterstützt. Matthias Kittel hat das Buch aus physikalischer Sicht geprüft.

Katrin Stupp hat darauf geachtet, dass die historischen Fakten korrekt sind, was bei einem so verworrenen Thema wie den Rauhnächten gar nicht so einfach ist.

Ruth Grützbauch hat wieder einmal einen kompetenten astronomischen Blick auf das Manuskript geworfen und mir in Anmerkungen und Gesprächen dabei geholfen, ein vernünftiges Buch zu schreiben.

Für die Fehler, die trotz allem im Buch verblieben sind, bin aber alleine ich verantwortlich. Ich kann die Schuld nicht einmal auf eine Künstliche Intelligenz schieben, denn so etwas spielte beim Verfassen dieses Buches keine Rolle. Jeder Satz wurde von mir persönlich geschrieben.

Und großer Dank gilt natürlich auch all den netten Leuten im Hanser Verlag, die dabei geholfen haben, aus meinen Gedanken zu einem obskuren Thema ein richtiges Buch zwischen zwei Deckeln zu machen.

Weiterführende Literatur

Es gibt jede Menge Bücher über die Rauhnächte und ich möchte keines davon empfehlen – es sei denn, man möchte live miterleben, wie sich alte Traditionen in moderne Esoterik verwandeln.

Man kann sich aber in vielen anderen Werken wunderbar über den Sternenhimmel informieren und darüber, wie die Menschen früher in den Himmel geblickt haben. Wer einfach nur wissen will, was da oben zu sehen ist und wie man die Sterne am besten beobachtet, liegt mit dem wunderbaren Buch *Den Himmel lesen lernen* von Emily Winterburn richtig. Etwas wissenschaftlicher und nur auf Englisch erhältlich ist das Buch *The Heavenly Writing: Divination, Horoscopy, and Astronomy in Mesopotamian Culture* von Francesca Rochberg, das einen faszinierenden Überblick über das astronomische Verständnis früher Kulturen gibt. Über die Sagengestalten, Monster und Götter, die in den Rauhnächten ihr Unwesen treiben, kann man sich in der *Deutschen Mythologie* von Jacob Grimm informieren. Seine Interpretation entspricht aber nicht mehr dem Stand der Forschung; besser ist es, man liest eine moderne Darstellung – zum Beispiel *Frau Holle, Frau Percht und verwandte Gestal-*

ten: 160 Jahre nach Jacob Grimm aus germanistischer Sicht betrachtet von Erika Timm.

Das *Wörterbuch des Aberglaubens* von Dieter Harmening ist ein wunderbares Standardwerk für alle Arten von abergläubischen Phänomenen und Mythen.

Wer lieber hört, als zu lesen, kann die Folge über die Rauhnächte des Podcasts »IRMIMI – Irgendwas mit Mittelalter« von Katrin Stupp hören (und gerne auch die restlichen Folgen).

Florian Freistetter, geboren 1977, hat an der Universität Wien Astronomie studiert. 2008 rief er den Astronomie-Blog »Astrodicticum simplex« ins Leben, der zu den meistgelesenen deutschen Wissenschaftsblogs gehört. Sein Podcast »Sternengeschichten« zählt zu den erfolgreichsten in deutscher Sprache. Bei Hanser erschienen u.a. *Der Komet im Cocktailglas. Wie Astronomie unseren Alltag bestimmt* (2013), ausgezeichnet als Wissenschaftsbuch des Jahres, sowie zuletzt *Eine Geschichte des Universums in 100 Sternen* (2019) und *Die Farben des Universums* (2026). Seit 2015 ist Freistetter festes Mitglied der Wissenschaftskabarettgruppe Science Busters.

Erscheint als Hörbuch beim Hörverlag, gelesen vom Autor.